中外建筑大全

ZHONGWAI JIANZHU DAQUAN

王子安◎主编

汕头大学出版社

图书在版编目（ＣＩＰ）数据

中外建筑大全 / 王子安主编. -- 汕头 ：汕头大学
出版社，2012.5（2024.1重印）
ISBN 978-7-5658-0762-6

Ⅰ．①中… Ⅱ．①王… Ⅲ．①建筑设计－作品集－世
界 Ⅳ．①TU206

中国版本图书馆CIP数据核字(2012)第096633号

中外建筑大全

主　　编：王子安
责任编辑：胡开祥
责任技编：黄东生
封面设计：君阅天下
出版发行：汕头大学出版社
　　　　　广东省汕头市汕头大学内　邮编：515063
电　　话：0754-82904613
印　　刷：三河市嵩川印刷有限公司
开　　本：710 mm×1000 mm　1/16
印　　张：16
字　　数：90千字
版　　次：2012年5月第1版
印　　次：2024年1月第2次印刷
定　　价：69.00元
ISBN 978-7-5658-0762-6

前　言

　　浩瀚的宇宙,神秘的地球,以及那些目前为止人类尚不足以弄明白的事物总是像磁铁般地吸引着有着强烈好奇心的人们。无论是年少的还是年长的,人们总是去不断的学习,为的是能更好地了解与我们生活息息相关的各种事物。身为二十一世纪新一代的青年,我们有责任也更有义务去学习、了解、研究我们所处的环境,这对青少年读者的学习和生活都有着很大的益处。这不仅可以丰富青少年读者的知识结构,而且还可以拓宽青少年读者的眼界。

　　自古以来,住的形式丰富多彩,比如古有巢居、穴所,后来则出现了木、石结构的住所。在古代中国,建筑形式有宫庭、园圃、寺庙、道观、民居;而且用料以木质结构为主。更在建筑的地理选择上,注重风水质量。而在西方,其建筑崇尚石质,以巨石建起气势宏大的建筑标象;建筑形式以皇家建筑、神庙民居为主。本文讲述的即是跟建筑相关的内容,共分为五章。主要介绍了中国古代建筑的起源、类别、各个时期的中国古建筑;中国古代的典型建筑;形形色色的中国民居以及多彩的世界建筑艺术。通过阅读此书,青少年读者会对建筑知识有一定的了解。

　　综上所述,《中外建筑大全》一书记载了中外建筑知识中最精彩的部分,从实际出发,根据读者的阅读要求与阅读口味,为读者呈现最有可读性兼趣味性的内容,让读者更加方便地了解历史万物,从而扩大青少年读者的知识容量,提高青少年的知识层面,丰富读者的知识结构,引发读者对万物产生新思想、新概念，从而对世界万物有更加深入的认识。

此外，本书为了迎合广大青少年读者的阅读兴趣，还配有相应的图文解说与介绍，再加上简约、独具一格的版式设计，以及多元素色彩的内容编排，使本书的内容更加生动化、更有吸引力，使本来生趣盎然的知识内容变得更加新鲜亮丽，从而提高了读者在阅读时的感官效果，使读者零距离感受世界万物的深奥、亲身触摸社会历史的奥秘。在阅读本书的同时，青少年读者还可以轻松享受书中内容带来的愉悦，提升读者对万物的审美感，使读者更加热爱自然万物。

尽管本书在制作过程中力求精益求精，但是由于编者水平与时间的有限、仓促，使得本书难免会存在一些不足之处，敬请广大青少年读者予以见谅，并给予批评。希望本书能够成为广大青少年读者成长的良师益友，并使青少年读者的思想得到一定程度上的升华。

2012年7月

目 录
contents

第四章 形形色色的中国民居

第五章 多彩的世界建筑艺术

第一章

话说中国古代建筑简史

建筑是一种跨越时空的艺术形式，承载着人类在大地上诗意栖居的梦想。建筑通过结构、形式、空间构成其最主要的艺术特征。中国古代建筑艺术的成就主要表现在：一是结构合理，容易加工制作的木框架结构；二是由单纯的屋顶中表现出千变万化的建筑形式；三是四合院的平面布局。总体表现出一种"大道至简"的建筑哲学思想，也就是说，"木结构、大屋顶、四合院"代表了中国古代建筑的特征与面貌，表达出中国古代建筑匠师们超凡的聪明才智与浓厚的中华建筑文明风采。从类型上来说，中国古代建筑可分为十种，即：宫廷府第建筑（如皇宫、衙署、殿堂、宅第）、防御守卫建筑（如城墙、城楼、堞楼、村堡、关隘、长城120、烽火台）、纪念性和点缀性建筑（如市楼、钟楼、鼓楼、过街楼、牌坊、影壁）、陵墓建筑（如石阙、石坊、崖墓、祭台、帝王陵寝宫殿）、园林建筑（如御园、宫囿、花园、别墅）、祭祀性建筑（如文庙、武庙、宗祠）、桥梁及水利建筑（如石桥、木桥、堤坝、港口、码头）、民居建筑（如窑洞、茅屋、草庵、民宅、庭堂、院落）、宗教建筑（如佛教的寺、庵、堂、院，道教的祠、宫、庙、观，回教的清真寺，基督教的礼拜堂）、娱乐性建筑（如乐楼、舞楼、戏台、露台、看台）。总之，我国的民族建筑形式丰富多彩，历史悠久，文化内涵厚实而凝重。可以说，我国任何一件古建筑，不仅是历史沧桑的见证，更是将历史、科学与艺术完美地融合于一体的杰作。富有浓厚的文化、历史气息的中国古典建筑艺术中融入了中华的历史记忆，使得其隽美的形式与风采更加凸显出来。本章我们首先就来说一说中国古典建筑的发展简史。

中国古代建筑的起源

在五千年的悠久历史中，中华民族的先人创造了光辉灿烂的建筑文化。中国建筑在世界的东方独树一帜，它和欧洲建筑、伊斯兰建筑并称世界三大建筑体系。博大精深的中国建筑文化，在古代以中国为中心，以汉式建筑为主，传播至日本、朝鲜、蒙古和越南等国，形成了别具一格的"泛东亚建筑风格"，在人类的文明史上写下了光辉的篇章。中国古建筑历史悠久，富含内容博大精深的艺术文化内涵，而且时至今日，遗留下了大批珍贵的诸如陵墓、宫殿、园林、寺庙、民居等古建筑精品，这些精品淋漓尽致地展示着中国古建筑的迷人风采。

中国有着7000多年的建筑历

故　宫

史，神州大地上出现过无比丰富的古代建筑，至今仍保存着丰富的建筑遗迹。中国古代建筑，集科学性、创造性、艺术性于一体，既具有独特的风格，又具有特殊的功能，在世界建筑中独树一帜。无论是秦砖汉瓦、隋唐寺庙、两宋祠观，还是明清故宫、皇家苑囿、苏州园林等等，无不凝聚着中华民族的智慧，成为中华文化的重要组成部分。透过它们不仅可以从中国古代建筑宝库中汲取营养，还可以更好地了解中华民族的历史，对于传承民族文化以及建设美好家园，都将产生积极作用。下面我们就来简单扼要地回顾一下中国古代建筑的起源。

在原始社会，当时的人不会造房屋，居住在树上，上下不便，又不可能扩大空间，也不能分居，于是从树上搬下来，寻找自然山洞。例如周口店人、曲江人、马坝人等，他们的住所都是山洞，也就是今天常见的大岩洞。穴居生活上下

大岩洞

不便，没有阳光，甚至想要通风也是困难的。华夏祖先穴居时间甚久。到南北朝时期，吉林、辽宁一些少数民族仍然穴居。当地还有一种房屋，名曰"地窨子"，这便是穴居的延续。后来，我们的祖先从穴居逐步升至地面，成为半穴居。直到想出了办法将房屋建造在地面上，这样才可以采光、通风，达到了正常居所环境质量的要求，有益人体的健康。原始时期的古人，主要采取穴居、巢居作为自己的居住方式。

在近年的考古工作中，一批原始社会公共建筑遗址破土而出，如浙江余杭县土筑祭坛，内蒙古大青山和辽宁喀左县东山嘴石砌方圆祭坛，辽西建平县境内的神庙等。这些发现，使人们对神州大地上先民的建筑水平有了新的了解，他们为了表示对神的崇敬之心，开始创造出一种超常的建筑形式，从而出现了沿轴展开的多重空间组合的建筑装饰艺术，这是建筑史上的一次飞

辽宁喀左县东山嘴石砌方圆祭坛

跃。从此建筑不仅具有了它的物质功能而且具有了精神意义，促进了建筑技术和艺术向更高层次发展。

农耕社会的到来，引导人们走出洞穴，走出丛林。人们可以用劳动创造生活，来把握自己的命运，同时也开始了人工营造屋室的新阶段，并建立了以生活居住区为中心的建筑规划新秩序，出现了部落式样的原始村镇、城市，真正意义上的"建筑"由此诞生了。在母系氏族社会晚期的新石器时代，在仰韶、半坡、姜寨、河姆渡等考古发掘中均有居住遗址的发现。北方仰韶文化遗址多为半地穴式，但后期的建筑已发展到地面建筑，并已有了分隔成几个房间的房屋。

南方较潮湿地区，"巢居"已演变为初期的干阑式建筑。如长江下游河姆渡遗址中就发现了许多干阑建筑构件，甚至有较为精细的卯、启口等。由于木构架建筑是中国古代建筑的主流，因此人们将浙江余姚河姆渡的干阑木构誉为"华夏建筑文化之源"。干阑式建筑是一种下部架空的住宅。它具有通风、防潮、防盗、防兽等优点，对于气候炎热、潮湿多雨的地区非常适用。它距今约六、七千年，是我国已知的最早采用榫卯技术构筑木结构房屋的一个实例。浙江余姚河姆渡的干阑木构实例，已发掘部分是长约23米、进深约8米的木构架建筑遗址，推测是一座长条形

干阑式建筑

的、体量相当大的干阑式建筑。木构件遗物有柱、梁、枋、板等，许多构件上都带有榫卯，有的构件还有多处榫卯。可以说，河姆渡的干阑木构已初具木构架建筑的雏形，体现了木构建筑之初的技术水平，具有重要的参考价值与代表意义。

此外，在山西陶寺村龙山文化遗址中，龙山的住房遗址已有家庭私有的痕迹，出现了双室相联的套间式半穴居，平面成"吕"字型。套间式布置也反映了以家庭为单位的生活。在建筑技术方面，开始广泛地在室内地面上涂抹光洁坚硬的白灰面层，使地面收到防潮、清洁和明亮的效果。尤其值得一提的是，龙山的住房遗址中已出现了白灰墙面上刻画的图案，这是我国已知的最古老的居室装饰。

原始社会的巢居与穴居

（1）巢居。《韩非子·五蠹》曰："上古之世，人民少而禽兽众，人民不胜禽兽虫蛇，有圣人作，构木为巢，以避群害。"著名思想家孟子也说："下者为巢，上者为营窟。"由此而推测，巢居是地势低洼、气候潮湿而多虫蛇的地区所采用过的一种原始居住方式。中国古籍《礼记》记载有："昔者先王未有宫室，冬则居营窟，夏则居橧巢"。

（2）穴居。《易·系辞》曰："上古穴居而野处"。旧石器时代原始人居住的岩洞在北京、辽宁、贵州、广东、湖北、江西、江苏、浙江等地都有发现，这种大自然所赐予的洞穴是当时用作住所的一种较普遍的方式。进入氏族社会以后，随着生产力水平的提高，房屋建筑也开始

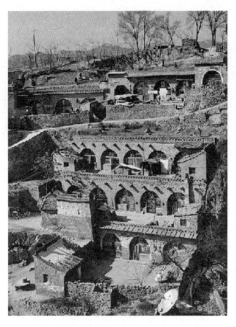

窑 洞

出现。但在环境适宜的地区，穴居依然是当地氏族部落主要的居住方式，只不过人工洞穴取代了天然洞穴，且形式日渐多样，更加适合人类的活动。例如在黄河流域有广阔而丰厚的黄土层，土质均匀，含有石灰质，有壁立不易倒塌的特点，便于挖作洞穴。因此原始社会晚期，竖穴上覆盖草顶的穴居成为这一区域氏族部落广泛采用的一种居住方式。同时，在黄土沟壁上开挖横穴而成的窑洞式住宅，也在山西、甘肃、宁夏等地广泛出现，其平面多为圆形，和一般竖穴式穴居并无差别。山西还发现了"低坑式"窑洞遗址，即先在地面上挖出下沉式天井院，再在院壁上横向挖出窑洞，这是至今在河南等地仍被使用的一种窑洞。随着原始人营造房屋经验的不断积累和技术提高，穴居从竖穴居逐步发展到半穴居，最后又被地面建筑所代替。

先秦与秦朝时期的古建筑

公元前21世纪，禹的儿子启破坏了民主推选的禅让惯例，自袭王位，建立了中国历史上第一个奴隶制国家——夏朝。为镇压奴隶和平民的反抗，设军队，制刑法，修监狱，筑城墙，建立了国家机器。公元前16世纪，夏朝最后一个王桀暴虐无道，居住在黄河下游的商部落在首领汤的率领下乘机起兵攻夏，灭亡了夏。商朝最早的国都建在了亳（今河南商丘）。公元前14世纪，商朝第二十位国王盘庚从"奄"（今山东曲阜）迁至"殷"（今安阳小屯），直至商朝灭亡。后人称这段历史为殷朝，此地也称殷都。殷都被西周废弃之后，逐渐沦为废墟，故称"殷墟"。商朝最后一个王——纣是个暴君，创制"炮烙"之刑，这使得社会矛盾空前尖锐起来。这时渭水流域的周族

首领周文王重视农业生产，任用有才能的姜尚等人，势力逐步强大。

公元前11世纪中期，周武王联合西方和南方的部落灭亡了商朝。周武王都城镐京，史称西周。为了巩固奴隶主政权，西周实行分封制。周天子把土地和人民分给亲属、功臣等，封他们为诸侯，建立起众多的诸侯国。诸侯必须服从周天子的命令，向天子纳贡，带兵随天子作战，定期朝见天子。西周还建立了宗法制度，规定天子、诸侯等的职位，只有嫡长子有资格继承。公元前770年，周平王迁都到东边的洛邑，称为东周。东周又分"春秋"和"战国"两个时期。春秋时期，周王室衰落，周天子名义上是各国共同的君主。一些比较强大的诸侯国家用武力兼并小国，大国之间

也互相争夺土地，经常打仗。战胜的大国诸侯，可以号令其他诸侯，这种人称做霸主。公元前403年，韩、赵、魏三家分晋后，剩下秦、齐、楚、燕、韩、赵、魏七个大国，史称"战国七雄"，中国进入战国时代。商周时期的建筑如今仅仅留下了废墟，但从实际考古资料中，仍然可以窥见诸如大商的安阳、大周的镐京等远古都城的面貌，以及蕴涵其中的都市建筑布局意识与先进的城市市政设计、编排能力的造诣。

秦朝是我国历史上一个极为重要的朝代。它在历史上虽然为时很短，但对后世却有极其深远的影响。秦始皇统一了中国大陆，其版图基本沿用至今；它建立的一套中央集权制度，也基本上为后世历代王朝所继承；奠定了中国作为统一多民族国家的基础；在社会方面秦朝设郡县，车同轨，书同文，废井田，辟驰道，统一度量衡；在经济方面秦朝重农抑商，土地买卖合法化，盐铁由政府控制。

秦始皇的贡献不仅体现在以上方面，还体现在了建筑上。秦建筑是中华民族智慧的体现。秦都咸阳，是现知始建于战国的最大城市。它北依毕塬，南临渭水，咸阳宫东西横贯全城，连成一片，居高临下，气势雄伟。解放后在接近宫殿区中心部位发掘出了咸阳宫"一号宫殿"遗址。遗址东西长60米，南北宽45米，高出地面约6米，它利用土塬为基加高夯筑成台，形成二元式的阙形宫殿建筑。它台顶建楼两层，其下各层都建有围廊和敞厅，使全台外观如同三层，非常壮观。上层正中为主体建筑，周围及下层分别为卧室、过厅、浴室等。下层有回廊，廊下以砖漫地，檐下有卵石散水。室内墙壁皆绘壁画，壁画内容有人物、动物、车马、植物、建筑、神怪和各种边饰。色彩有黑、赫、大红、朱红、石青、石绿等。

秦始皇统一天下后，以咸阳宫翼阙为核心而扩大，还仿建六国宫殿，"每破诸侯，写放其宫室，作

阿房宫

之咸阳北阪上，南临渭，自雍门以东至泾渭，殿屋复道，周阁相属"。穷奢极欲的秦始皇，对如此规模的宫室还不满足。在他即位的第35年就命工匠在咸阳宫旁边的上林苑建了一个"复压三百余里，隔离天日"的庞大宫殿——阿房宫。阿房宫"前殿东西五百步，南北五十丈，上可以坐万人，下可以建五丈旗。周驰为阁道，自殿下直抵南山，表南山之颠以为阙。"规模如此巨大的阿房宫，直到秦始皇驾崩时也未完工，由秦二世继续营建而成。然而公元前206年，项羽引兵西屠咸阳，烧秦宫室，项羽的一把火，把一个精美绝伦的阿房宫付之一炬。

秦始皇为了安排身后的归宿，还大肆修筑陵墓。他为自己精心策划的坟墓——骊山陵，自他13岁即位起便开始修筑，被征召修筑骊山陵园的民夫最多时达70多万人，陵墓主要材料都运自四川、湖北等地，但直到公元前210年他病死时尚

秦始皇陵兵马俑

未修完，由秦二世又接着修了两年才勉强竣工，前后历时39年。始皇陵在临潼县东5千米，背靠骊山，脚蹬渭河，左有戏水，右有灞河，南产美玉，北出黄金，乃风水宝地。陵园呈东西走向，面积近8平方千米，有内城和外城两重，围墙大门朝东。墓冢位于内城南半部，呈覆斗形，现高76米，底基为方形。据推测，秦始皇的陵寝应在陵墓的后面，即西侧。据《史记·秦始皇本纪》记载：墓室一直挖到很深的泉水后，用铜烧铸加固，放上棺椁。墓内修建有宫殿楼阁，里面放满了珍奇异宝。墓内还安装有带有弓矢的弩机，若有人开掘盗墓，触及机关，将会成为后来的殉葬者。墓顶有夜明珠镶成的天文星象，墓室有象征江河大海的水银湖，具有山水九州的地理形势。还有用人鱼膏做成的灯烛，欲求长久不息。安葬完毕后，秦二世下令将宫内无子女的

长　城

宫女和修建陵墓的工匠全部埋入墓中殉葬。在陵墓东面还发现了举世闻名的大型兵马陶俑坑，内有武士俑约七千个、驷马战车一百多辆、战马一百余匹，以及数千件各式兵器，被誉为"世界第八大奇迹"。

另外，秦朝还修建了一些举世闻名的防御及交通工程。秦代彪炳武功之最好见证，莫过于万里长城。长城原是战国时期燕、赵、秦诸国加强边防的产物。当时，居于中国北部大沙漠的匈奴时时南侵，

为了对付这种侵扰，北方各国便各自筑城防御。秦始皇派大将蒙恬率三十万大军北伐匈奴，又将原来燕、赵、秦三国所建的城墙连接起来，加以补筑和修整。补筑的部分超过原来三国长城的总和，西起临洮（今甘肃岷县），东至辽东，延袤万余里，是古代世界上最伟大的工程之一。

秦代防御及交通建设还包括修驰道、筑沟渠。秦时的驰道东起山东半岛，西至甘肃临洮，北抵辽

东，南达湖北一带，主要线路宽达五十步，道旁植树，工程十分浩大，是古代筑路史上的杰出成就，加上其他水陆通道，形成了全国规模的交通网。另外疏浚鸿沟（河南汴河）作为水路枢纽，通济、汝、淮、泗诸水。又于公元前214年，令史禄监修长达30千米灵渠，沟通了湘、漓二水。总之，大秦时代，伟大的古建筑如同秦始皇般，均具一种开天辟地的初始的霸王之气质，建筑规模恢宏、博大、精深。

两汉王朝时期的古建筑

秦王朝由于在皇位继承人上始终未定，最终导致被推翻，取而代之的是由汉高祖刘邦所创立的汉朝。经过西汉初年的休养生息，中国自此进入了一个相对长的繁荣时期。因为国家统一，社会安定，此时科技文化得到迅速发展，《周髀算经》《九章算术》的编著，造纸术、地动仪的发明，以及天文、历法、医学等一系列的成

秦砖汉瓦建筑

就，奠定了当时中国在世界上的领先地位。汉朝疆域也是扩张到空前的辽阔，势力甚至伸展至中亚；汉朝与周围许多国家有着广泛的交往，通过丝绸之路从西域引进了乐器、舞蹈、杂技、雕刻、佛教、良马和农作物，而汉朝的丝绸、漆器、铸铁术、凿井术、农业灌溉技术也传到了西域。汉朝空前的强盛，使得中国人几乎和汉人划上了等号，从此"汉字，汉族"的称谓就沿用至今，现今人们常以"汉唐盛世"并称。

两汉时期可谓是中国建筑的青年时期，建筑事业极为活跃，建筑组合和结构处理上日臻完善，直接影响了中国两千年来民族建筑的发展。由于年代久远，至今没有发现一座汉代木构建筑。但这时期建筑的资料却非常丰富，汉代屋墓的外廊或是庙堂、外门、墓内庞大的石往、斗拱，都是对木构建筑局部的真实模拟，寺庙和陵墓前的石阙都是忠实于木构建筑外形雕刻的，它们表示出木结构的一些构造细节。

大量的汉代画像砖、画像石和明器（即冥器），对真实建筑的形象、室内布置，以及建筑组群布局等方面都对其形象做出了具体的补充。

汉代城市建设以汉长安城为代表。汉长安城遗址位于西安龙首塬北坡的渭河南岸汉城乡一带，是中国古代最负盛名的都城，也是当时世界上最宏大、繁华的国际性大都市。公元前202年，汉高祖刘邦在秦兴乐宫的基础上营建长乐宫，揭开了长安城建设的序幕。公元前199年，丞相萧何提出"非壮丽无以重威"，营建未央宫。惠帝三年、五年，筑长安城墙，六年建西市。武帝元朔五年，在城南安门外建太学。元鼎二年修柏梁台。太初元年，在城西上林苑修建章宫，其东修凤阙；其北开凿太液地，中有蓬莱、方丈、流洲、壶梁，并建神明台、井于楼。太初四年又在长乐宫北建明光宫。至此，西汉长安城规模初定。王莽篡位后下令拆除汉上林苑中建章、承光、包阳、大台、储元官等10余处建筑，将所

未央宫

得材料在城南营建新朝九庙。汉长安城三大宫之一的长乐宫位于城东南，面积5平方千米，占汉长安城面积的1/6，宫内共有前殿、宣德殿等14座宫殿台阁。未央宫位于城西南，始终是汉代的政治中心，史称西宫，其周长9千米，面积5平方千米，宫内共有40多个宫殿台阁，十分壮丽雄伟。建章宫是一组宫殿群，周围10余千米，号称"千门万户"。汉长安城以其宏大的规模、整齐的布局而载入都城发展的史册。东汉初期，光武帝刘秀定都洛阳以后，在周代成周城的基础上修筑扩建起一座更大规模的都城，自此这座城市作为东汉、曹魏、西晋、北魏时期全国的政治、经济和文化中心长达330多年之久，史称"汉魏洛阳故城"。

西汉末年，台榭建筑渐次减

少，楼阁建筑开始兴起。战国以来，大规模营建台榭宫殿促进了结构技术的发展，有迹象表明已逐渐应用横架。长时期建造阁道、飞阁，促进了井干和斗拱构造的发展，在许多石阙雕刻上已看到一种层层叠垒的井干或斗拱结构形式。从许多壁画、画像石上描绘的礼仪或宴饮图中，可以看到当时殿堂室内高度较小，不用门窗，只在柱间悬挂帷幔。当时宫殿多为台榭形制，故须以阁道相连属，甚至城内外也以飞阁相往来。木构楼阁的出现可谓中国木结构建筑体系成熟的标志之一。东汉中后期的墓中，炫耀地主庄园经济以及依附农民、奴婢的成套模型和画像砖、陶制楼阁和城堡、车、船模型大量出土，具有明显的时代特征。明器中常有高达三四层的方形阁楼，每层用斗拱承托腰檐，其上置平坐，将楼划分为数层，此种在

屋檐上加栏杆的方法，战国铜器中已经出现，汉代运用在木结构上，满足遮阳、避雨和凭栏眺望的要求。各层栏檐和平坐有节奏地挑出和收进，使外观稳定又有变化，并产生虚实明暗的对比，创造中国阁楼的特殊风格，南北朝盛极一时的木塔就是以此为基础。

另外，两汉建筑中出现了

墓　阙

"阙"。阙是我国古代在城门、宫殿、祠庙、陵墓前用以记官爵、功绩的建筑物，用木或石雕砌而成。一般是两旁各一，称"双阙"；也有在一大阙旁再建一小阙的，称"子母阙"。城阙还可以登临瞭望。现存的汉阙都为墓阙。高颐阙

位于四川省雅安市城东汉碑村，是我国现存30座汉代石阙中较为完整的一座。高颐阙由红色硬质长石英砂岩石堆砌而成，为有子阙的重檐四阿式仿木结构建筑，其中上下檐之间相距十分紧密。阙顶部为瓦当状，脊正中雕刻一只展翅欲飞、口含组绶的雄鹰；阙身置于石基之上，表面刻有柱子和额枋，柱上置有两层斗拱，支撑着檐壁。檐壁上刻着人物车马、飞禽走兽。高颐阙造型雄伟，轮廓曲折变化，古朴浑厚，雕刻精湛，充分表现了汉代建筑的端庄秀美。

汉代建筑组群多为廊院式布局，常以门、回廊衬托主体建筑的庄严，或以低小的次要房屋、纵横参差的屋顶，以及门窗上的雨塔，衬托中央主要部分，使整个组群呈现有主有从，富于变化的轮廓。比如，汉代地主宅院画像石中可见当时的小庭深院，进深二重，另有回廊和别的院子分开。前院堂屋外有伎人表演，后院廊下有人抚琴，表现了一般地主的家庭娱乐活动。东汉后期，阶级矛盾十分严重，封建主和农民的武装冲突不断，因此他们建起有高墙深院的庄园，有的还

木椁墓

配有类似的望楼。

最后，汉代的建筑艺术还体现在汉代园林与陵墓两方面。汉武帝扩建了秦始皇的上林苑，"园三百里，离宫七十余所，尽收石花异卉，珍禽奇兽。汉袁广汉於北邙山下筑园，东西四里，南北五里，激流水注其内，建筑壮丽，开私人园林未有之先例"。又有，汉甘泉园"周可五百四十里，宫殿台阁百余所，凿昆明坤灵"。汉陵基本上和秦陵差不多，也是人工筑起的巨大四棱锥形坟丘。坟丘上建寝殿供祭祀，周以城垣，驻兵，设苑囿，迁富豪成陵邑，多半死前筑陵，厚葬，并以陶俑殉。东汉时废陵邑，但坟前立碑、神道、墓阙、墓表，使纪念性增强。墓结构技术也有很大的进步，防水防雾，且出现空心砖墓、砖穹窿，取代了木椁墓。墓的平面布局受住宅建筑影响而渐趋复杂。

通过大量东汉壁画、画像石、陶屋、石祠等可知，当时北方及四川等地建筑多用台梁式构架，间或用承重的土墙；南方则用穿斗架，斗拱已成为大型建筑挑檐常用的构件。中国古代木构架建筑中常用的抬梁、穿斗、井干三种基本构架形式此时已经成型。斗拱在汉代得到了极大的发展，它的种类十分多，可谓达到了千奇百怪的程度。在各种阙、墓葬及画像砖

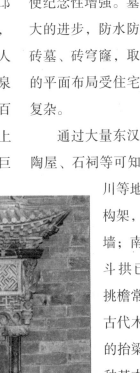

秦砖汉瓦

中我们都可以见到它的形象。后世中成熟的斗拱，便是从中脱颖而出的。

汉代的栏杆有卧棂栏杆，斗子蜀柱栏杆，柱础的础质难辨，式样简单；台基用砖或砖石混和的方法砌成；门为版门、还有石木门；窗的纹样有直棂窗、斜格窗和锁纹窗，还有天窗；天花有覆斗形天花和斗四天花；柱有圆柱、八角柱、方柱和等，有的柱身表面刻竹纹或凹凸槽。方柱柱身肥而短，有收分，上置栌斗；方形双柱指房屋转角常每面用一个方柱，各承受一方面的梁架，这种做法后代逐渐减少。

砖的发明是建筑史上的重要成就之一。至迟在秦代已有承重用砖，秦始皇陵东侧的俑坑中有砖墙，砖质坚硬。汉代建筑已广泛使用砖，西汉中后期至东汉，砖石拱券结构日益发达，用于墓室、下水道，除并列纵联的砖砌筒壳外，还有穹窿顶和双曲扁壳。秦咸阳秦宫殿遗址发现有大量瓦当、花砖、石雕和青铜构件。但在秦的建筑遗址内使用石构件均不多，加工精度也不高，说明青铜工具加工石材不易。西汉前中期，砖石拱壳才出现，初步具备造砖石房屋的技术条件。汉代建筑上的纹饰开始复杂化，纹样畅达而不失古劲雄健。此时的建筑已具有庑殿、歇山、悬山和攒尖四种屋顶形式。庑殿正脊短，屋面、屋脊和檐口平直，屋顶正脊中央常饰有凤凰。这些便形成了汉代建筑古朴简洁，但又不乏朝气的形象。汉代歇山顶不多见，当时的歇山形状是由中央悬山顶和四周单庑顶组合而成的，并且檐口微微起翘。总之，汉代是中国古代建筑的第一个高峰。此时高台建筑减少，多屋楼阁大量增加，庭院式的布局已基本定型，并和当时的政治、经济、宗法、礼制等制度密切结合，中国建筑体系已大致形成。

汉代的明堂辟雍

　　"明堂辟雍"是中国古代最高等级的皇家礼制建筑之一。明堂是古代帝王颁布政令、接受朝觐和祭祀天地诸神以及祖先的场所。辟雍即明堂外面环绕的圆形水沟，环水为雍（意为圆满无缺），圆形像辟（辟即璧，皇帝专用的玉制礼器），象征王道教化圆满不绝。西汉元始四年建造的明堂辟雍，位于长安南门外大道东侧，符合周礼明堂位于"国之阳"的规定。明堂方位正南北，有方形围墙，墙正中辟阙门各3间，墙内四隅各有曲尺形配房一座。围墙外绕圆形水沟，就是所谓的辟雍。四阙门轴线正中为明堂，建在一个圆形夯土基上面。根据遗址结构和一些间接资料，可以推测出它原是一个十字轴线对称的3层台榭式建筑。上层有5室，呈井字形构图；中层每面3室，是为明堂（南）、玄堂（北）、青阳（东）、总章（西）四"堂"；底层是附属用房，明堂"上圆下方"。明堂的尺度，每面约合28步（每步6尺，每汉尺0.23米）。

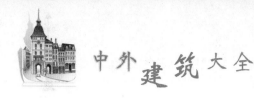
魏晋南北朝时期的古建筑

魏晋南北朝时期,为我国历史上自春秋战国、三国后的又一个大分裂的时代,也使我国出现了第一次民族大融合。此时专制王权衰退,士族势力扩张,特权世袭,形成门阀政治,在此时期,汉族和少数民族、少数民族和少数民族、汉族劳动人民和汉族的封建统治者之间为了利益相互争斗,引起了无休止的战争使广大劳动人民的生活十分痛苦。在这种动荡的环境下,劳动人民生活没有保障,只有在佛教中寻找安慰;各族的统治者们今天可能是皇帝,明天就会沦为俘虏。于是,此时的人们开始普遍地在佛教中求得寄托。正如古诗中写到的"南朝四百八十寺,多少楼台烟雨中",佛道大盛,统治阶级大量兴建寺、塔、石窟、寺院,产生了巨多的佛教艺术作品。总之,魏晋南北朝时期是一个建筑技艺大发展的时期。在建筑装饰方面,在继承前代的基础上,在

北魏洛阳城

工艺表现上，吸收了佛教式建筑艺术的种种生动雕刻技艺，出现的饰纹、花草、鸟兽、人物的风格，均呈现出鲜明的佛教艺术特点，丰富了中华建筑的内容。

魏晋南北朝时期的城市建设，也由起初的生硬平直发展到后来优美的曲脚人字拱。屋顶方面，东晋壁画中出现了屋角起翘的新样式，且有了举折，使体量巨大的屋顶显得轻盈活泼。由于纵向庭院过多造成纵向交通不便，故以道路或小广

云冈石窟

最富有代表性的是北魏洛阳城、南朝建康城。此时期单体建筑的建筑艺术及技术在原有的基础上有了进一步发展，楼阁式建筑相当普遍，平面多为方形。斗拱方面，额上施一斗三升拱，拱端有卷杀，柱头补间铺作人字拱，其中人字拱的形象

场将纵向庭院划成两组以上。敦煌壁画中的北魏建筑形象：重楼高耸，屋顶曲线和鸱尾尚显幼稚。南北朝绘画《洛神赋图》中的楼船，反映出当时建筑的真实特征，是弥足珍贵的建筑资料。

南北朝时，盛行"舍宅为寺"

的功德活动，许多王侯贵族的宅地改建为佛寺。一些新建的大寺院仍采取塔为中心，四周由堂、阁围成方形庭院的布局。这一时期改建时一般不大改动原布局，而以原前厅为佛殿，后堂为讲堂，原有的廊庑环绕，有的还保留了原来的花园。此种风格布局更属通用式的，成为以后汉化佛寺建筑的主流。南北朝时期的佛教建筑现无一存留。作为

金刚宝座塔型

实物存留的则有石窟寺（以云冈石窟和敦煌早期石窟为代表）和日本的一些建筑。中国最早凿建的石窟寺在新疆地区，始于东汉，受南亚次大陆风格影响。十六国和南北朝时，经由甘肃河西走廊一带传到中原，并向南方发展。中原地区早期石窟的建筑，沿袭南亚次大陆于窟内立塔柱为中心的作法，并明显受到汉化建筑庭院布局影响。

魏晋南北朝时期的古建筑中，

塔是佛教建筑的一个代表种类，十分众多。"塔"是梵文的音译，意为"高显处"或"高坟"，原是印度的一种纪念性坟墓的通称。它的造型简单一致：覆钵形，上立长柱形标志"刹"。印度式的塔，是由台基、覆钵、宝相轮等几部分组成的实心建筑。它随佛教入中原时，汉族本土的木结构建筑体系已经形成，积累了丰富的工程技术和艺术经验，建造过迎候仙人和备远望的

洛阳永宁寺塔遗址

25

重楼。早期的佛教又被视为一种神仙方术，所以，匠人在设计塔时就以本民族常见的重楼为蓝本，建成楼阁式的木结构塔。此后陆续又有许多新的塔型传入，如宝箧印经塔型、覆钵塔型、金刚宝座塔型、花塔等。塔的各个部分也逐渐规格化，一般由地宫、塔基、塔身、塔顶和塔刹组成。特别在塔刹部分，变化地吸收了原南亚次大陆塔的形制。中国早期的高塔多为空心，可以登临。这一点与南亚次大陆原型大不相同，这一风格是由中国人民创造的。

历史记载中的最大木塔是北魏时建造的洛阳永宁寺塔，高一千尺，百里以外也能望见。可惜这座塔建成不久便被焚毁了。由于木塔易遭火焚，不易保存，后发展出仿木结构砖塔，并在楼阁式基础上发展出密檐式，还有小型单层的亭阁式。自此以后，砖塔逐渐增加，木塔逐渐减少。到10世纪以后，新建的木塔已极为稀有了。我国此时期的木塔已一无所存，唯在日本法隆寺有一座五重木塔和我国云冈石窟内的方形塔柱可为例证。法隆寺位于日本奈良市，寺内五重木塔平面呈方形，高31.9米，塔刹部分约占总高1/3。塔内部无楼层，不能登临。塔第1层檐下也有后加的裳阶，2层以上檐下都有装饰性栏杆。塔中心有一根贯通全塔的中心柱，承托刹上的相轮、宝珠等部件，塔身重量则由外檐柱和4个天柱承担。中心柱下有埋置舍利的孔穴。中门进深3间，面阔4间，入口处有中柱和左右2门。这种做法为中国汉以前的宫室、祠庙和墓室所普遍应用。

魏晋以来，士大夫标榜旷达风流，园林多崇尚自然野致，此时贵族舍宅为寺之风盛，佛寺中也多建造名园。北魏末期贵族们的住宅后往往建造园林，园林中有土山、钓台、曲沼、飞梁、重阁等，叠石造山的技术也已提高。吴魏明帝"起景阳山于方林园中，重严复岭，深溪洞壑，高山巨树，悬葛垂罗，崎岖石路，涧道盘纡，景色自然。于今，陵台城北隅，台城外，并种橘

树，奇宫墙内则种石榴，其殿廷及三台，三省，悉劣植柳树，其宫南夹路，出朱雀门，悉种垂柳与槐"。魏晋时期因政治动荡，佛道盛行，厚葬之风渐衰，皇陵规模均小，南朝诸陵不起坟，不封土，不植树，也无台阙，墓饰则精美且富于变化，砖石结构普遍流行。

魏晋时期的胡汉交流使得国人的起居习惯发生了变化，胡床渐渐普及，椅子和凳子传入民间，传统的卧床增高，且附床顶、矮屏及屏风也发展出多摺多牒式。南北朝时，印度、西亚纹样随同佛教艺术传入中国，线条流畅，活跃飞动，莲花、卷草纹和火焰纹的运用最为广泛。总之，魏晋南北朝建筑艺术及技术的进一步发展，楼阁式建筑

相当普遍，平面多为方形。斗拱有卷杀、重叠、跳出，人字拱大量使用，有人字拱和一斗三升组合的结构，后期出现曲脚人字拱；令拱替木承转，栌斗承栏额，额上施一斗三升柱头人字补间铺作，还有两卷瓣拱头；栏杆是直棂和勾片栏杆兼用；柱础覆盆高，莲瓣狭长；台基有砖铺散水和须弥座；门窗多用版门和直棂窗，天花常用人字坡，也有覆斗形天花；屋顶愈发多样，尾脊已有生起曲线，屋角也已有起翘；梁坊方面有使用人字叉手的和蜀柱现象，栌斗上承梁尖，或栌斗上承栏额，额上承梁；柱有直柱和八角柱等，八角柱和方柱的使用也较多。

最古的塔与云冈石窟

我国现存最古的塔是公元520年建的河南嵩山嵩岳寺十二角十五层密

檐式砖塔。此塔造型特殊，砖建密檐
式，平面正十二角形，佛塔中仅见此
一座，塔身有用莲瓣作柱头（希腊风
格）和柱基的八角柱，有用狮子作主
题的佛龛（波斯风格），有火焰形的
券间（印度风格），形式十分优美。
它的艺术处理虽十分成功，但却不是
南北朝时期的代表塔型。

云冈石窟

公元4世纪末建成的云冈第六
窟，窟室方形，中心立塔柱，四壁
环以有浮雕的廊院，北面正中雕殿
形壁龛，即是一例。昙曜五窟现编
号第16～20窟，是由昙曜和尚主持开凿的第一期窟洞，其石窟以道武、
明元、太武、景穆、文成五帝为楷模，雕刻5尊大像，规模宏大，气魄
雄伟。形制上共同特点是外壁满雕千佛，大体上都摹拟椭圆形的草庐
形成，无后室。造像主要是三世佛（过去、未来、现在），主佛形体高
大，占窟内主要位置。第16窟本尊释迦立像高13.5米，面相清秀，英俊潇
洒。第17窟正中为菩萨装的交脚弥勒坐像，高15.6米，窟小像大，咄咄逼
人。第18窟本尊为身披千佛袈裟的释迦立像，高15.5米，气势磅礴；东
壁上层的众弟子造像造型奇特，技法娴熟。第19窟本尊为释迦坐像，高
16.8米，为云冈石窟的代表作，结跏趺坐，面部半圆，深目高鼻，眼大唇
薄，大耳垂肩，造型雄伟。

隋唐五代时期的古建筑

隋代结束了自西晋末年以来近三百年的分裂局面。隋文帝后期与隋炀帝前期，国家富足强盛，社会空前繁荣。唐代的各种法制法令、行政机构设置、军队编制等无一不承隋制，就连辉煌的唐长安城，也是承继了隋代的大兴城。隋代开挖的大运河南起杭州，北迄北京，跨长江黄河，长约2500千米，成为中国南北交通大动脉，大大地促进了南方经济的发展，加强了南北交流，唐代的繁荣，在很大程度上有赖于这条大运河。

隋代建筑可以说是南北朝建筑向唐代建筑转变的一个过渡，它的斗拱还比较简单，鸱尾形象较唐代建筑清瘦，但建筑的整体形象已变得饱满起来。

赵州安济桥（赵州桥）位于河北赵县洨河上，由隋朝李春设计建造，比欧洲兴建同类的桥早了700多年。千百年来，安济桥虽饱经风霜，但至今仍十分坚固，在桥梁建筑史上有着十分重要的意义。赵州桥长50.8米，宽9.6米，桥在大拱的拱肩上各建造了两个小拱，显得空灵秀丽，远远望去如"初月出云，长虹饮涧"。安济桥两边的栏板和望柱

赵州安济桥

上，雕刻着各种蛟龙、兽面、竹节和花饰等，刀法苍劲有力，风格豪放新颖，其中栏板浮雕的龙最为精彩，充分体现了封建社会上升时期蓬勃的生命力。

唐文化博大精深，全面辉煌，泽被东西，独领风骚。唐都长安，那时是世界上最为繁华、最为富庶和文明的城市。当时有位从西方来华学习的梵僧写诗道："愿身长在中华国，生生得见五台山"。世界学者们公认的"中华文化圈"其总体格局，也是在隋唐时期完成的。唐文化对东亚各国，尤其是对日本的影响更为突出，例如今天在日本被尊为

"正统"的"和样"建筑，即是唐代风格。唐代的建筑发展到了一个成熟的时期，形成了一个完整的建筑体系。唐代建筑规模宏大，气势磅礴，形体俊美，庄重大方，整齐而不呆板，华美而不纤巧，舒展而不张扬，古朴却富有活力。

隋唐五代时期，佛寺建筑有新发展。但经过唐武宗和周世宗两次"灭法"和后代的毁损，除个别殿堂如五台南禅寺大殿、佛光寺大殿等外，没有成组群的完整寺院存留。这一时期的佛寺是建筑在通用型即中国宫室型的基础上定型，并有所发展。隋唐五代时期佛寺建筑的特点主要有：

（1）主体建筑居中，有明显的纵中轴线。由三门（象征"三解脱"，亦称山门）开始，纵列几重殿阁。中间以回廊联成几进院落。

（2）在主体建

五台山南禅寺

筑两侧，仿宫廷第宅廊院式布局，排列若干小院落，各有特殊用途，如净土院、经院、库院等。如长安章敬寺有四十八院、五台山大华严寺有十五院。各院间亦由回廊联结。主体与附属建筑的回廊常绘壁画，成为画廊。

（3）塔的位置由全寺中心逐渐变为独立。大殿前则常用点缀式的左右并立，不太大的常为实心的双

长安大兴善寺

陕西法门寺

塔，或于殿前、殿后、中轴线外置塔院。僧人墓塔常于寺外，另立塔林。这些都与当时佛教界渐趋教理经义的研究，而不重视拜塔与绕塔经行有关。另外，石窟寺窟檐大量出现，且由石质仿木转向真正的木结构。供大佛的穹窿顶，以及覆斗式顶，背屏式安置等大量出现，表现了中国石窟更加民族化的过程。

（4）隋唐五代时期寺院，其俗讲、说因缘，带有民俗文化娱乐性质，佛寺中出现戏场，更加具有公共文化性质。与此同时，寺院经济大发展，生活区扩展，不但有供僧徒生活的僧舍、斋堂、库、厨等，有的大型佛寺还有磨坊、菜园。许多佛寺出租房屋供俗人居住，带有客馆性质。

在敦煌石窟中保存的大量唐代佛教寺院壁画多是反映西方极乐净土辉煌、欢快的景象。这些壁画已显示出大唐佛寺的组群布置已经达到了很高的水平。整体形象宏大开朗，单体形式多姿多彩，用色丰富

佛光寺

但不俗艳，使人沐浴在佛光之下。这种格调欢乐而华丽的佛寺，无处不洋溢着唐人对现实、人生的积极肯定和健康向上的精神。然而，壁画中瑰丽的唐代寺院在华夏大地上却没有任何遗存。

唐代佛教建筑至今著名的有唐长安大兴善寺、陕西法门寺。唐殿堂建筑，单体内质外美，非常强调整体的和谐与真实，造型浑厚质朴，多采用凹曲屋面，屋角起翘十分柔和大度，重视本色美，气度恢宏从容，内部空间组合变化适度，可以用"雄浑壮丽"四字来概括，具有可贵的独创精神，堪称中国建筑艺术的发展高峰。南禅寺大殿是我国现存最早的木结构建筑，位于五台县东冶镇李家庄旁。该寺创建于唐德宗建中三年（公元782年），主殿面阔进深各三间，平面近正方形，单檐歇山顶，屋顶鸱尾秀拔，举折平缓，出檐深远，明间装板门，次间装直棂窗，转角处额不出头，阑额上不施普拍枋，斗栱为五铺作双抄单栱偷心造，用材颇大，

体现了十分明显的唐代作风。此殿体量虽小，但让人感到内力深蕴；好似一名昂首挺立的战士，蓄势待发，充满自信与力量。

佛光寺创建于北魏孝文帝时（471—499年）。隋唐时期，佛光寺寺名屡见于各种传记，按五代时记载，寺内曾有三层七间高九丈五尺的弥勒大阁，依地势推测，阁可能建于现在的第二层平台上，为全寺主体，当时与东大殿并存，极为兴盛。从寺内遗迹看，宋、金、元、明、清各代也都有修建。现存寺内的唐代木构、泥塑、壁画、墨迹，寺内外的魏（或齐）唐墓塔、石雕交相辉映，是我国历史文物中的瑰宝。东大殿是该寺的主殿，位于最上一层院落，在所有建筑中位置最高，大有俯瞰全寺，压倒一切的气派。

佛光寺东大殿面阔七间，进深四间，单檐庑殿顶，总面积677平方米。正殿外表朴素，柱、额、斗栱、门窗、墙壁，全用土红涂刷，未施彩绘。佛殿正面中五间装板

大雁塔

门，两尽间则装直棂窗。大殿出檐深远，殿顶用板瓦铺设，脊瓦条垒砌，正脊两端，饰以琉璃鸱吻。二吻虽为元代补配，但高大雄健，仍沿用唐代形制。檐柱头微侧向内，角柱增高，因而侧脚和生起都很显著。殿的平面由檐柱一周及内柱一周合成，分为内外两槽。外槽檐柱与内柱当中，深一间，好像一圈回廊；内槽深两间广五间的面积内别无立柱，内槽大梁（即四椽栿），是前内柱间的联络材。殿的梁架，分为明栿和草栿两大类，明栿在天花板以下，草栿不用斧斤加工，在天花板以上。天花板都作极小的方

格，与日本天平时代（相当我国唐中叶）的遗构相同，这也是大殿为唐建的例证。平梁上面用大叉手而不用侏儒柱，两叉手相交的顶点与令拱相交，令拱承托替木与脊搏，是唐时期建筑固有的规定。柱头卷杀作覆盆样，前檐诸柱的基础上均有覆盆，以宝装莲花为装饰，每瓣中间起脊，脊两侧突起椭圆形泡，瓣尖卷起作如意头，为唐代最通常的作风。总之，东大殿的表现了结构与艺术的高度统一，具有我国唐代木构建筑的明显特点，为仿唐建筑的范例。

唐塔大部分为楼阁式，可登临，典型平面均为方形。大型塔现存数十座，均为砖建。唐沿袭了南北朝造大像的风气，密宗传入后，又多供菩萨大像，故多层楼阁式中置通贯全楼大像的建筑大兴，间接促使塔向寺外发展。多层塔是在塔的表面上表现出木

结构的柱梁斗拱等，如西安慈恩寺大雁塔（公元652年）、荐福寺的小雁塔、香积寺塔（公元681年）、兴教寺的玄奘塔（公元669年）等都属此类。密檐塔一般不用柱梁斗拱等装饰，而轮廓线条呈现优美，如嵩山永泰寺塔和法王寺塔（八世纪），云南昆明慧光寺塔和大理崇圣寺塔都是此类。墓塔中以山东长清灵岩寺的惠崇塔（七世纪前半期）为最典型。此类塔一般是两层重檐。顶上有砖或石制的刹。只有唐代嵩山会善寺的净藏塔（公元746年）是单层八角形的，塔身用砖砌出柱梁斗拱门窗等。

大雁塔位于西安和平门外慈恩寺内，初期也叫慈恩寺塔。唐高宗永徽三年（652年）由唐僧玄奘创建，用以存放其由印度带回的佛经。大雁塔初建为五层，高一百八十尺。武则天时重建，后经兵火，五代后又行修缮，为七层，即现存塔状。塔高64米，底边各长25米，整体呈方形角锥状，造形简洁，比例适度，庄严古朴。塔身有砖仿木构的枋、斗拱、栏额，塔内有盘梯可至顶层，各层四面均有砖券拱门，可凭栏远眺。塔底正面两龛内有褚遂良书写的《大唐三藏圣教序》和《圣教序》碑，四面门楣有唐刻佛像和天王像等研究唐代书法、绘画、雕刻艺术的重要文物，尤其是西面门楣上石刻殿堂图是典型的唐代佛教建筑，是研究唐代建筑的珍贵资料。

大唐辉煌的长安城（1）

唐代的城市建筑以唐长安城为代表。长安城在隋大兴城的基础上建成，面积83平方千米，是今西安市区（明西安城）的8倍。长安城中

"百千家似围棋局，十二街如种菜畦"，宫苑相连，街坊纵横，规整方正，布局合理，是当时全国的政治、经济、文化中心。唐长安城由外郭城、宫城、皇城和各坊、市等组成。宫城和皇城在外郭城北部的中间，宫城在北，皇城在南。东西两市分别在皇城的东南和南方。城墙厚度一般为12米左右。在城门处的墙面原砌有砖壁，城墙有壕沟环绕一周。宫城周长8.6多千米，其中部为太极宫、太极殿，是皇帝处理国务的正衙所在。皇城东西宽与宫城相等，周长为9.2千米。其南沿正中为朱雀门，向南为朱雀大街，是整个长安城的中轴线。皇城是中央各个衙署的所在地。长安内城有南北向大街11条，东西向大街14条，街面宽阔，其中最大的朱雀大街宽达150～155米，颇为壮观。城内共划成110个坊，布局十分规整。街道两边树木成行，城内还有四条渠道流经，供应用水。长安城除了宫内的皇家圃苑，还有著名的风景区曲江池，为这个繁华、喧闹的大唐帝国的首都平添了几分秀色。

近些年来，考古研究者在对城址进行了探测之后，发掘了大明宫、兴庆宫和青龙寺、西明寺等几处重要遗址。大明宫在长安城禁苑中，位于城东北部的龙首原。此宫建于贞观八年（公元634年），原名永安宫，龙朔二年（公元662年），高宗命令扩建，第二年即迁入大明宫听政。乾宁三年（公元896年），此宫毁于兵火。大明宫周长7.6多千米；宫城共11个城门，其东、西、北三面都有夹城；南部有三道宫墙护卫，墙外的丹凤门大街宽达176米，是唐代最为宏伟的宫殿建筑群。大明宫内有含元殿、麟德殿、三清殿等。

两宋辽金时期的古建筑

经过了五代短暂的纷争，宋朝登上了中国的历史舞台。宋对内中央集权，重文轻武，猜忌压抑贤臣，对外采用和亲纳币的妥协政策。此外，宋朝理学盛行，封建文人大力鼓吹"扬理抑欲"，对后世产生了很坏的影响。在宋朝，汉文明一直受到北方游牧民族的挑战。北宋辽金对峙，南宋与金元对峙，最后终为元所灭。但城市经济发达，手工业分工细化，科技生产工具更进步，商业的繁荣推动了整个社会前进。受精神领域的影响，宋代建筑没有了唐代建筑雄浑的气势，体量较小，绚烂而富于变化，呈现出细致柔丽的风格，出现了各种复杂形式的殿、台、楼、阁。建筑结构在宋代也有了很大的变化，突出表现为斗拱的承重作用大大减弱，且拱高与柱高之比越来越小。

原来在结构上起重要作用的昂，有些已被斜栿所代替，补间铺作的朵数增多。此时期建筑构件、建筑方法和工料估算在唐代的基础上进一步标准化、规范化，并且出现了总结这些经验的书籍，如《营造法式》和《木经》。其中李诫所著的《营造法式》是我国古代最全面、最科学的建筑学著作，也是世界上最早、最完备的建筑学著作，相当于宋代建筑业的"国标"。

公元916年，北方的契丹人建立了辽朝，侵占了山西、河北的北部，吸收汉文化，进入封建社会。由于北方从唐末就成为藩镇割据状态，建筑风格很少受后期中原和南方的影响，因此辽代建筑保持了很多五代及唐朝的风格，再加上游牧民族豪放的性格，建筑物显得庄严而稳重。辽代有些殿宇东向，这与契丹族信鬼拜日、以东为上的宗教信仰和居住习俗有关。随后兴起的金朝在建筑领域由于工匠都是汉人，建筑兼具宋、辽风格，但更接近柔丽的宋朝建筑，且不少作品流于烦琐堆砌。

宋时的城市建筑以开封为代表。东京汴梁（今河南开封），是一个因大运河而繁荣的古都。后周正式定都于此，北宋更形富饶，人口近百万。汴梁城三重相套，第二重内城即唐时州城，内城中心偏北为州衙改建成的宫城，最外的郭城为后周显德二年（955年）扩建，周20多千米。由宫城正门宣德门向南，通过汴河上的州桥及内城正门朱雀门到达郭城正门南薰门，是全城纵轴；州桥附近有东西向的干道与纵轴相交，为全城横轴。这些都和汉魏邺城以来都城的布局相似。在宫城外东北有皇家园林艮岳，城内有寺观70余处，城外有大型园林金明池和琼林苑，这些都丰富了城市景观。汴梁首次在宫城正门和内

金明池

城正门间设置了丁字形纵向广场。这些对以后直至明清的都城布局产生了很大的影响。

随着城市经济的逐渐发达，晚唐五代时已开始临街设店，宋代的城市正式取消了唐代的里坊制度和集中市场制，准许邻街设店。这使此后的都市面貌多样化，丰富了市民生活，也改变了都市规划的结构。我们可以从宋画《清明上河图》清楚地看到这些特点。平江，即今苏州，是江南平原上手工业和商业汇集的水运城市。南宋临安，即今之杭州，是早期海运贸易中心和江南的文化古城。北京当时为辽南京，后为金中都，以至后来的元大都，成为全国新的政治中心，后又经过明清两代的经营，终成为世界不朽名城之一。这些均成为两宋辽金时期的著名城市。

此时期宫殿建筑体量与唐代比较较小，细部装饰增加，注重彩画、雕刻，总体呈绚烂、柔丽的形象。女真人攻破繁华的宋东京城后，按照宋金东京宫城的样式在中都建造了金朝的皇宫。皇宫的宫城在城中而稍偏西南，从丰宜门至通玄门的南北线上，南为宣阳门，北有拱辰门，东置宣华门，西设玉华门，前为官衙，后为宫殿。正殿为大安殿，北为仁政殿，东北为东宫，共有殿三十六座。此外还有众多的楼阁和园池名胜。城东北的琼华岛（即今北京北海公园）建有离宫，供皇帝游幸。现存的山西繁峙岩山寺的壁画所绘的仙界宫殿，即反映了当时宫殿建筑的形象，是不可多得的资料。

宋徽宗赵佶所画的《瑞鹤图》和岩山寺的另一副壁画也忠实地描绘了此时期宫殿的形象。前者描绘的是赵佶当政的某天突有一片祥云飘来皇宫，绕柱附殿，众人皆仰而视之。惊奇之余，又有群鹤飞鸣于空中，与祥云融为一体，经久不散。体现出在北宋内忧外患的严峻时刻，皇帝祈求上苍降下祥云以挽救宋王朝的危亡；后者则是一组建在高台之上的一组体量巨大的高阁。初祖庵大殿，位于河南登封少林寺西北2千米处五乳峰下，于北宋宣和七年（1125年）为纪念禅宗祖师达摩而建。这座在《营造法式》颁布仅20年后建造的大殿，为现存最接近《法式》规则之实物，亦即最典型的宋式建筑。大殿坐北朝南，面阔3间，进深3间，单檐歇山顶，曲线优美，琉璃瓦剪边，建于石砌高台之上，前后青石踏道，后壁辟门。大殿檐下置硕大斗拱，明间安板门两扇，两次间辟直棂方窗，前檐立4根十一角石柱，柱面浮雕海石榴、卷草、飞禽和伎乐等图案；殿内明间置佛龛一座，石柱4根，上浮雕神王、盘龙和嫔迦等；大殿东、西、北三壁下部内外砌石护脚，刻云气、流水、龙、象、鱼、蚌、佛像、人物和建筑物等，形象柔美典雅。

晋祠重建于北宋天圣年间（1023—1032年），现在的主要建筑圣母殿面阔七间，进深六间，重檐歇山顶，殿顶琉璃为明代更制。大殿副阶周匝，殿身四周围廊，前廊进深两间，廊下宽敞，为唐、宋建筑中所独有。殿前廊柱雕饰木质蟠龙八条，透迤自如，盘曲有利，为北宋元佑二年（1087年）原物。蟠龙柱形制曾见于隋、唐之石雕塔门和神龛之上。在中国古代建筑已知木构实物中，此属先驱。殿的角柱生起颇为显著，上檐尤盛，使整个建筑具有柔和的外形，与唐代建筑之雄朴迥异。柱上斗拱出跳，下檐五铺作，上檐六铺作，昂跳调配使用，昂形规制不一、真昂、假昂、平出昂、昂形耍头等皆用之。斗拱形制如此繁复多变，使建筑物愈益俏丽。殿内无柱，六架椽的长袱承受上部梁架的荷载。殿内用材较大，采用彻上露明造，殿内四十尊宋代仕女塑像，神态各异，是宋塑中的精品。飞梁是殿前方形的鱼沼之上建一座平面十字形，犹如大鸟驾飞的桥，四向通到对岸，对于圣母殿，又起着殿前平台的作用，是善于利用地形的设计手法。桥下立于水中的石柱和柱上的斗拱、梁木都还是宋朝原造。飞梁前面有重建于金大定八年（1168年）的献

摩尼殿

殿，面阔三面，单檐歇山顶，造型轻巧，在风格上与主要建筑圣母殿取得和谐一致的效果。

两宋辽金时期的建筑组群在形体组合则富变化，有由四周较低的建筑簇拥中央较高耸的殿阁，在整体总平面采沿轴线排列若干四合院。河北正定隆兴寺是现存宋朝佛寺建筑总体布局的一个重要实例。全寺建筑依着中轴线作纵深的布置，自外而内，殿宇重叠，院落互变，高低错落，主次分明。寺院山门前为一座高大的一字琉璃照壁，门内为一长方形院子，钟楼鼓楼分列左右，中间大觉六师殿已毁，但尚存遗址。寺院北进为摩尼殿，有左右配殿，构成另一个纵长形的院落。再向北进入第二道门内，就是主要建筑佛香阁和其前两侧的转轮藏殿与慈氏阁以及其他次要的楼、阁、殿、亭等所构成的形式瑰伟的空间组合，也是整个佛寺建筑群的

大悲阁

高潮。最后还有一座弥陀殿位于寺后。佛香阁和弥陀殿都是采用三殿并列的制度。这种以高阁为全寺中心的布局方法，无疑是由于唐代中叶以后供奉高大的佛像，主要建筑不得不向多层发展，陪衬的次要建筑也随着增高，反映了唐末至北宋期间佛寺建筑的特点。

寺内摩尼殿建于北宋皇祐四年（1052年），是我国现存唯一一座平面呈十字形的大型佛殿，也为现存木建筑中建筑最古之例。正中殿身五间，进深五间，殿基近方形，平面呈十字形，中央部分为重檐歇山顶，四面正中各出两间歇山顶抱厦，均以山面向前，殿身全是厚墙围绕，只抱厦正面开门窗，殿内梁架结构皆与《法式》相符。此殿在立体布局上富于变化，重叠雄伟，端庄严肃之中又显露出活泼生动的性格，是传世的宋代绘画中此种式样建筑的唯一实例。这类别致的建筑样式在宋代以前较为少见，宋代以后流传到日本等国。但遗憾的是，它却没有出现在后续各朝的建筑式样之中。

大悲阁是隆兴寺内的主体建筑，现存的阁是1940年前后重建

的。阁高约33米，三层，歇山顶，且上两层都用重檐，并有平坐，给人的感觉比其实际要高大。阁内所供即千手观音高24米，是北宋开宝四年（971年）建阁时所铸，是留存至今的中国古代最大的铜像。转轮藏殿和慈氏阁都是二层，重檐歇山顶。大小相同，而结构各异。这两座建筑经后代重修多次，而以转轮藏殿保存宋朝的风格较多。转轮藏殿内部下层柱子，为了容纳六角形的轮藏，把两中柱外移，形成平面六角形的柱网，同时上下两层间没有平坐暗层，却与辽独乐寺观音阁不同。寺内其余配殿都是单层。

宋代的塔，形制由四边渐变为六边、八边或十边形，但以八边形最为普遍。这种肇源于八卦方位图式的塔，不仅轮廓曲线优美圆浑，而且更有利于结构的稳定，在塔的高度上，也有了新的突破。山西应县佛宫寺释迦塔建于辽清宁二年（1056年），至今已经历了940多年，经狂风暴雨、强烈地震、炮弹轰击，寺内大部分建筑已毁，唯此

塔依然屹立在黄土高原之上，是中国现存唯一的一座木塔。此塔在中国的无数宝塔中，无论建筑技术、内部装饰和造像技艺，都是出类拔萃的。院平面布局保持着南北朝时代佛寺的传统。塔平面八角形，高九层，其中有四个暗层，高67.3米，底层直径30.27米，体形庞大。在结构上，木塔使用明栿、草栿两套构件；各层上下柱不直接贯通，而是上层柱插在下层柱头的斗拱中（称为"叉柱造"），这是唐宋时期建筑的重要特征。木塔采用了分层叠合的明暗层结构，各暗层在内柱与内外角柱之间加设不同方向的斜撑，很类似现代结构中的空间行架式的一道圈梁的钢构层。塔的柱网和构件组合采用内外槽制度，内槽供佛，外槽为人活动，全塔装有木质楼梯，可逐级攀登至各层，每登上一层楼，都有不同的景观。全塔不用一钉一铆，靠50多种斗拱和柱梁镶嵌穿插吻合而成，用现代力学的观点看，每种规格的尺寸均符合受力特性；有时风一吹塔便摇

开元寺塔

动，发出吱哑之声，使给人以塔欲倾倒之感。然而，全塔的每个木构件接点在受外力时都产生一定的位移与形变，抵消了外界能量，从而以柔克刚，不会倒塌。木塔能千年不倒，除其本身结构精巧，还得益于古代工匠对建筑材料的精心选择和当地易于木材保存的独特气候。

两宋辽金时期的砖石塔留存很多，形式丰富，构造进步，是中国砖石塔发展的高峰，除墓塔以外，大型砖石塔可分为楼阁式和密檐式。密檐式塔一般不能登临，多为石心，构造与外形比较划一，而楼阁式塔则比较多样。以下举二例进行分析。北宋年间河北定县的开元寺塔，八角十一层，高84.2米，是我国现存最高的一座古塔。塔为砖砌，加有少量木质材料，通体涂成白色。塔平面呈八角形，由两个正方形交错而成，用砖层层叠涩挑出短檐，呈明显的凹曲线。塔的下九层东、西、南、北四个正面设券门，其余四个隅面辟棂窗（假窗），窗为大方砖雕琢而成。最上两层，则八面均辟为券门。门为拱

券式，券外绘方形图案，设有砖雕门额、门簪。券顶上饰有桃尖形的香火烟气，逐层向上，线条渐增，象征着"佛光普照，香火缭绕"的佛门盛景。塔的各层均叠涩出檐，托出一平台，唯底层有瓦脊。各层檐角皆有挑檐木，外端有铁环，原置有风铎（铃）。顶层檐部为八脊八坡，角脊前部是黄琉璃的人物、脊兽。角脊的交汇处是砖砌的莲花瓣，其上是塔刹的铁座，顶端装砌由六节组成的铜铸葫芦形宝瓶。塔内各层均有阶梯，顺级而上可达塔顶。塔心与外皮之间形成八角回廊，犹如大塔之中包着一座小塔。

北京天宁寺塔为八角十三层密檐式实心砖塔，高57.8米，不可登临。它建于方形砖砌大平台之上，平台以上为两层八角形基座：下层基座各面以短柱隔成6座壶门形龛，基座之上为平座部分，平座之上用3层仰莲座承托塔身。塔身平面也为八角形，八面间隔着陷作拱门和直棂窗，门窗上部及两侧浮雕出金刚力士、菩萨、天部等神像，塔身

隅角处的砖柱上浮雕出升降龙，第一层塔身之上，施密檐13层。塔檐紧密相叠，不设门窗，几乎看不出塔层的高度。这是典型的辽、金密檐式塔的形式。塔每层塔檐递次内收，递收率逐层向上加大，使塔的外轮廓呈现缓和的卷杀开头塔顶用两层八角莲座，上承宝珠作为塔刹。1976年唐山地震时，塔顶宝珠被震碎，局部瓦件下附，但整个塔身尚属完好。天宁寺塔极为优美，须弥座、第一层塔身、13层密檐、巨大的塔宝珠，相互组成了轻重、长短、疏密相间相联的艺术形象，在建筑艺术上收到很好的效果。因此著名建筑家梁思成先生曾盛赞此塔富有音乐韵律，为古代建筑设计的杰作。此外，还有开封佑国寺铁色琉璃砖塔、封相国寺繁塔、上海龙华塔等等，都是宋塔的杰作。

宋南迁后，传统园林建筑和江南自然环境结合影响了明清园林。南宋私家园林和江南的自然环境相结合，创造了一些因地制宜的手法，筑山叠石之风盛行，产生了以

莳花、造山为专职的匠工。宋太祖乾德中，置琼林苑于顺天门大街，太宗太平兴国中，复凿金明池于苑北，导金水河注入，以教神卫虎翼水军，习舟楫，因习水嬉。宋徽宗筑寿山艮狱于禁城之东，收浙中珍异花木竹石，凡六载而始落成，奇花异木，珍禽异兽，莫不毕集，飞楼杰观，集于斯矣。

宋代陵制式陵墓是中国古代陵墓制度的转折点，宋代开始集中皇陵成陵区，布局受风水影响，后陵较小，居帝陵西北，并分设主陵为上宫，和供奉遗物或祭祀的下宫，

神道较短，两侧密植柏林，雕刻较唐为拘谨，且陵墓规制化后，官方亦明定丧事礼仪，厚葬之风非常盛行，南宋时上下宫串连至同一轴线，石棺多存于上宫之后的龟头屋内，称攒宫，墓内装饰愈见华丽。

总之，宋代建筑可认为是柔和化的唐代建筑，体制较小，趋于秀丽俊挺，柔美典雅，影响了元、明、清的发展。辽保存了唐的雄健爽朗，刚古劲挺之风格。此时首先出现斜栿，木结构内部空间及朔造形式及精炼，为创造力的高度发挥。斗拱技术此时期已相当成熟，

琉璃瓦

种类多样，但其承重作用大大减弱，且拱高与柱高之比越来越小。原来在结构上起重要作用的昂，有些已被斜袱代替，补间铺作的朵数增多。此外宋代建筑屋顶坡度加大，大胆使用减柱法，房屋组合十分丰富。瓦饰在此时期多种多样，制琉璃瓦的工艺有了进步，高档建筑多用琉璃瓦和青瓦组成剪边屋顶，给人以柔和灿烂的印象。天花的式样丰富，有圆形井、八角井、菱形覆斗井等。宋代装饰纹样大致承唐，精美雅致，但气魄却远逊于唐。彩画随建筑等级的差别而有五彩遍装、青绿彩画和土朱刷饰三类。此时期出现了乌头门，房屋的门窗有板门、落地长窗、格子门、格门栏槛钩窗等。柱础多为覆盆式，较矮平，花样较多。栏杆的较明清式样纤细，残留有木栏杆的形象。此时期台基的艺术处理也十分细致。此时期砖的产量进一步增加，砖结构技术有了很大进步。城墙还多为夯土制，仅有少数城门处包砖处理，且砖券拱门还未出现，仍为梯形木桩支撑。

大唐辉煌的长安城（2）

含元殿是大明宫的正殿，殿基高于坡下15米，面阔11间，进深4间，殿外四周有宽约5米的"玉阶"三级，殿前有长达70余米的龙尾道至殿阶。殿前方左右分峙翔鸾、栖凤二阁，殿阁之间有回廊相连，成"凹"形，是周汉以来"阙"制的发展，且影响了历代宫阙直至明紫禁城的午门。含元殿在"凹"形平面上组合大殿高阁，相互呼应，轮廓起伏，体量巨大，气势伟丽，开朗而辉煌，极富精神震慑力。古时有人形容它的气魄"如日之生""如在霄汉"，为大唐建筑的杰出代表。含元殿662年

含元殿

开始营建，翌年建成，是举行国家仪式、大典之处，886年毁于战火。

麟德殿在大明宫太液池西的一座高地上，是皇帝宴饮群臣的地方，也是大明宫内另一组伟大的建筑。它的遗址已被发掘，底层面积合计约达5000平方米，由四座殿堂（其中两座是楼）前后紧密串连而成，是中国最大的殿堂。在主体建筑左右各有一座方形和矩形高台，台上有体量较小的建筑，各以弧形飞桥与大殿上层相通。据推测，在全组建筑四周可能有廊庑围成庭院。麟德殿以数座殿堂高低错落地结合到一起，以东西的较小建筑衬托出主体建筑，使整体形象更为壮丽、丰富。

除了大明宫外，唐长安的西内太极宫为朝会大宫，以凹字形平面的宫阙为正门（承天门），内有太极殿，两仪殿两重殿庭，即唐代的大朝、常朝和日朝，相当于周制的天子三朝。两仪殿以后还有甘露殿院庭。中轴线左右各有对称布置的一串院庭，安置宫内衙署，形成一片井然有序的大面积组群。此外，宫内还有其他殿亭馆阁共36所。太极宫东连东宫，西连掖庭宫，分居太子和后妃。

蒙元时期的中国古建筑

据历史记载，蒙古族大约于公元7世纪登上历史舞台，13世纪强大了起来。他们南下入侵中原，灭掉了金朝和宋朝，又向西扩张，占据了中亚、东欧，成为了版图空前巨大的蒙古帝国。南下和西征，使蒙古人开阔了眼界，广泛接触和吸收了东西方各民族的文化。在元朝，游牧文明与农业文明相互冲突与融合，推动了中国文化的发展。元中叶后，手工业和生产力得到恢复与发展，中原和江南沿海若干城市也进一步繁荣起来，宋以来的邻街设店的格局进一步发展。在建筑方面，各民族文化交流和工艺美术带来新的因素，使中国建筑呈现出若干新趋势。此时期大量使用减柱法，使喇嘛教建筑有了新的发展。汉族传统建筑的正统地位在此时期并没有被动摇，并继续得到了发展。官式建筑斗拱的作用进一步减弱，斗拱比例渐小，补间铺作进一步增多。此外，由于蒙古族的传统，在元朝的皇宫中出现了若干盝顶殿、棕毛殿和畏兀尔殿等。

1272年，元朝定都北京。至此，北京终于从中国数以千计的城市中脱颖而出，第一次成为全中国的政治、经济和文化中心，并延续到明、清两代。在荒野上营建的大都城，由汉人刘秉忠，阿拉伯人也黑迭儿及科学家郭守敬共同规划，是我国第一个按照《考工记》理想所设计的城市，具有方整的格局，良好的水利系统，纵横交错的街道，和繁荣的市街景观。它以今天北海公园为中心，南城墙在今日长安街以南，北城墙在德胜门和安定门外小关一线，东墙在东直门和建国门，西墙在西直门和复兴门。城墙四周有11个城门。元代城墙仍以土筑成，北城墙遗址至今还有断壁残垣可供游人抚今追昔。元代还在城门之外加修瓮城，

瓮 城

目的是加强城门守军的防护能力。其上筑有高大的箭楼，设排射孔，守城士兵出击时可在瓮城内集结，然后启门出击。如现在俗称的"前门"就是正阳门的瓮城。元大都宫城位于全城南部中央，大明殿为前朝，延春宫为后宫。宫城北部为御苑，宫城西部为太液池。太液池两岸，南为隆福宫，北为兴圣宫。三宫鼎峙，形成以太液池为中心的宫苑区。三宫周围绕以萧墙，又称红门拦

马墙。元代的宫殿穷极奢侈，使用了大量昂贵的建筑材料。这些华贵的宫殿，都是由作为奴隶的工匠建造的，等到元朝的反动统治被推翻以后，这些由劳动人民的血和泪建造起来的宫殿，被明朝大将军徐达拆毁。

元朝各种宗教并存发展，建造了很多大型庙宇。原来只流行于西藏的喇嘛教，这时在内地开始传播，建了不少寺塔，一直延续到明、清。现存北岳庙德宁殿是我国

现存元代木结构建筑中最大的一座，也是庙内的主体建筑。大殿建在高大的台基之上，高30余米，重檐庑殿式，琉璃瓦脊，青瓦顶。檐下高悬元世祖忽必烈亲笔题书的"德宁之殿"匾额。殿内绘有巨幅壁画《天宫图》，高约7米，长约18米。画面色彩浓郁协调，线条流畅洒脱，据传为唐朝吴道子所绘，为我国美术史上罕见的杰作。

元代起，从尼泊尔等地传入西藏的覆钵式瓶形喇嘛塔又流行于中原。现存单体塔的代表作品为北京妙应寺白塔。妙应寺即白塔寺，位于北京阜城门内。辽道宗寿昌二年（1096年），曾在此修建过一座佛舍利塔，后毁于兵火。元世祖忽必烈敕令在辽塔遗址上修建一座喇嘛塔。这一工程由尼泊尔人阿尼哥主持，于至元十六年（1279年）竣工。白塔通高50.9米，基座面积810平方米，从下至上由塔座、塔身、相轮、华盖和塔刹五部分组成。塔座高9米，分为3层。下层为护墙，平面成方形。中层与上层均为折角须弥座式，平面呈现"亚"字形，四周均向内递收二折，形似房屋的四出轩。其转角处有角柱，轮廓分明。上层须弥座上周匝放有铁灯龛。大须弥座式基台之上为一巨型覆莲座，即以砖砌筑并雕出的巨大的莲瓣，外涂白灰。莲座外尚有五道环带形"金刚圈"，用以随托塔身。塔身为一巨大的覆钵，形如宝瓶，也叫塔肚，直径18.4米外形雄浑稳健，环绕七条铁箍，使塔身成为一个坚固的整体。塔身之上又是一层折角式须弥座，用以连接塔身与相轮。相轮层层拔起，下大上小，呈圆锥形，共13层，故名为"十三天"。相轮是鉴别此类塔年代的标准。凡早期喇嘛塔，十三天部分较为粗壮，下大上小，形如圆锥。而到了明清，这一部分上下的大小逐步接近，不少清代喇嘛塔的十三天相轮几乎接近圆柱形。华盖之上就是塔的最上部分塔刹。佛塔的刹顶多作仰月或宝珠，而此塔刹乃为一铜制小型喇嘛塔，高4.2米，重4吨，金光闪烁，耀眼醒目。

元朝留下了许多科学建筑。元世祖忽必烈统一中国后，为了促

妙应寺白塔

进农牧业的发展，于元至元十三年（1276年），任用著名的科学家郭守敬、王恂进行一次规模巨大的历法改革。在全国建立了27个观测站，位于河南登封告成的观星台，就是当时全国的中心观测站。观星台是我国天文科学发展史上的宝贵遗产和重要的实物资料，是我国现存最古老的天文建筑，也是世界上一座著名的天文科学古迹。台的型制是由台身和石圭组成，台身形状似覆斗，系砖石结构，台高9.46米连台顶小房通高12.62米，台上方每

边宽8米，底边每边长16米。台身四周筑有砖石踏道和梯栏盘旋簇拥台身，使整个建筑布局，显得庄严而巍峨；台顶各边砌有女儿墙，台上放有天文仪器，以观天象。北壁正中有一直立的凹槽，正对量天尺。量天尺又称石圭，以36块青石平铺而成，全长31.19米，合元朝钦天监表尺一百二十八尺，宽四尺五寸，厚一尺四寸，石圭南头有注水池，北有排水孔。

元御苑西有翠殿、花亭、球阁、金殿，苑外重绕长庑，庑后出内墙，连东海，以接厚载门，门上建高阁，东百步，有观台，台旁有雪柳万株。而陵墓建筑上，由于蒙古人先期采用天葬、风葬，后采用木棺葬。使得元朝的陵墓建筑受到一定程度的影响。总之，元代宫室建筑承袭了唐宋以来的传统，而部分地方建筑则继承金代风格，在结构上使用大内额构架，大胆运用减柱、移柱法和圆木、弯料，富含任意自由奔放的性格。但由于木料本身的性质所限，加之没有科学的计算方法，减柱、移柱往往是失败

的，后来不得不用额外的柱加固。元代继宋金建筑的布局形式，有前三殿和后三宫，其处里的手法是元朝采用工字型制。元朝以后的装饰纹样倾向平实、写实的路线，宫殿建筑的色彩和图案为精密研究，风格秀丽且绚烂。

山西元朝永乐宫

西永济县永乐宫是元朝道教建筑的典型，也是当时全真派的一个重要据点。1959年修建三门峡水库时为了免于水淹，迁到了现在的芮城县城附近。永乐宫规模宏伟，气势不凡，建筑面积达86000多平方米。宫门、三清殿、纯阳殿、重阳殿排列在一条500米长的中轴线上。三清殿是永乐宫最大的殿，仅屋脊上的琉璃鸱尾就有3米高。这样巨大的屋顶前坡用蓝色

永乐宫

琉璃瓦组成三个菱形图案；殿檐周围镶着琉璃瓦边，与殿内外的雕塑、彩绘相互辉映。三清殿保持着宋代特色，为元代官饰大木构典型建筑。

永乐宫内艺术价值最高的是精美的壁画。三清殿内的壁画是永乐宫壁画的精华，这些画完成于元代泰定二年（1325年）。巨幅壁画展现了天神们朝拜元始天尊——老子的情景。南墙西侧的青龙、白虎两星君，为这个庞大的仪仗队的前导，神龛背后的三十二帝君为后卫；东、西、北三壁及神龛的左右两侧壁上分别画着南极长生大帝、西王母等八位主神，这八尊主神的周围簇拥着雷公、电母、八卦星君、各方星宿等神君。壁画继承了唐画风，在人物画的线条运用上达到了很高的成就，粗细、长短、浓谈、刚柔不同的线条勾画出各种不同物体的质感。

明清时期的中国古建筑

元朝严酷的统治终被推翻，中国又恢复了汉人掌权。一心想恢复汉唐雄威的明朝皇帝并没有给中国带来另一次辉煌，封建制度没落的颓势已无法挽回。在明朝，中央集权发展到极点，宰相被废除，皇帝成为官僚之长。特务政治也发展到极至，东西厂、锦衣卫等特务组织十分发达。封建统治者大力提倡儒学，但此时的儒学早没有了先秦时的朝气，其消极因素越来越显现出来。随着生产力的发展，手工业与生产技术的提高，国内外市场的扩大，资本主义在中国萌出了芽。此时期中国的科技发展出现了最后一个高峰，李时珍编著《本草纲目》、宋应星作《天工开物》。近代西方文化开始传入中国，利玛窦、徐光启合译了《几何原本》。明末对农民严酷的剥削引起的大规模农民起义推翻了明朝。清朝统治者南下夺取了革命的果实，延续明之君主独裁，对汉族实行民族同化政策，鼓励醉心利

圆明园遗址

碌的奴才思想，且大兴文字狱，使学术发展受到阻碍。在经历了短暂的康乾盛世后，国势陡转，八旗子弟的弓箭长矛终敌不过洋鬼子的坚船利炮，中国进入了灾难深重的半封建半殖民地社会。

在建筑方面，明清到达了中国传统建筑最后一个高峰，呈现出形体简练、细节繁琐的形象。官式建筑由于斗拱比例缩小，出檐深度减少，柱比例细长，生起、侧脚、卷杀不再采用，梁坊比例沉重，屋顶柔和的线条消失，因而呈现出拘束但稳重严谨的风格，建筑形式精炼化，符号性增强。官式建筑已完全定型化、标准化，在清朝政府颁布了《工部工程作法则例》，民间则有《营造正式》和《园冶》。由于制砖技术的提高，此时期用砖建的房屋猛然增多，且城墙基本都以砖包砌，大式建筑也出现了砖建的"无梁殿"。由于各地区建筑的发展，使建筑的区域特色开始明显。在园林艺术方面，清代的园林有较高的成就。

明清时期，城市数量迅速增

加，都市结构也趋复杂，全国各地均出现了因各种手工业、商业、对外贸易、军事据点、交通枢纽，而兴起的各类市镇，如景德镇、扬州、威海卫、厦门等，此时大小城市均有建砖城、护城河，省城、府城、州城、县城，皆各有规则。现存保存比较好的是明西安城墙。它始建于明洪武三至十一年（1370—1378年），是在唐长安皇城的基础上扩建而成的，明隆庆四年（1570年）又加砖包砌，留存至今。明西安城的西、南两面城墙基本和唐长安皇城的城垣相同，东、北两面墙向外扩移了约三分之一。城墙高12米，顶宽12~14米，底宽15~18米。城呈长方形，南垣长4255米，北垣长4262米，东垣长1886米，西垣长2708米，周长约13.7公里。城四面各筑一门，每座城门门楼三重：闸楼在外，箭楼居中，正楼最里，为城的正门。箭楼与正楼之间与围墙连接形成瓮城。

北京正阳门箭楼

在城墙四角各筑角楼一座。城墙上相间120米还有敌台（马面、墩台）98个，台上筑有敌楼，供士兵避风雨和储存物资用。城墙顶部外侧还修有雉堞（垛墙）共5984个，上有垛口和文口，供射箭和了望用，内侧修有女墙无垛口，以防行人坠落，城外有护城河环绕。整个城墙气势雄伟，构成一个科学严密的古城堡防御体系。

明清时期建筑组群，采用院落重叠纵向扩展，与左右横向扩展配合，以通过不同封闭空间的变化来突出主体建筑，其中以北京的明清故宫为典型，此时的建筑工匠，组织空间的尺度感相当灵活敏锐。明清建筑具有明显的复古倾向，官式建筑由于形式上斗拱比例缩小，出檐较短，柱的生起，侧脚，卷杀不再使用梁坊的比例沈重，屋顶柔和的线条轮廓消失，故不如唐宋的浪漫柔和，反而建立严肃、拘谨而硬朗的基调，明代的官式建筑已高度标准化、定型化，而清代则进一步制度化，不过民间建筑的地方特色十分明显。

现存的佛寺，多数为明清两代重建或新建，尚存数千座，遍及全国。汉化寺院显示出两种风格：一是位于都市内的，特别是敕建的大寺院，多为典型的官式建筑，布局规范单一，总体规整对称。大体是：山门殿、天王殿，二者中间的院落安排钟、鼓二楼；天王殿后为大雄宝殿，东配殿常为伽蓝殿，西配殿常为祖师殿。有此二重院落及山门、天王殿、大殿三殿者，方可称寺。此外，法堂、藏经殿及生活区之方丈、斋堂、云水堂等在后部配置，或设在两侧小院中。如北京广济寺、山西太原崇善寺等均是。二是山村佛刹多因地制宜，布局在求规整中有变化。分布于四大名山和天台、庐山等山区的佛寺大多属于此类。明清大寺多在寺侧一院另辟罗汉堂。为了便于民众受戒，经过特许的某些大寺院常设有永久性的戒坛殿。明、清时代，在藏族、蒙古族等少数民族分布地区和华北一带，建造了很多喇嘛寺。它们在不同程度上受到汉族建筑风格的影响，有的已相当汉化。

此时的中国佛寺建筑出现一种拱券式的砖结构殿堂，通称为"无梁殿"，如南京灵谷寺、宝华山隆昌寺中都有此种殿堂建筑。这反映了明朝以来砖产量的增加，使早已应用在陵墓中的砖券技术运用到了地面建筑中来。五台山显通寺内的无量殿为用砖砌成的仿木结构重檐歇山顶的建筑，高20.3米。这座殿分上下两层，明七间暗三间，面宽28.2米，进深16米，砖券而成，三个连续拱并列，左右山墙成为拱脚，各间之间依靠开拱门联系，型制奇特，雕刻精湛，宏伟壮观，是我国古代砖石建筑艺术的杰作。无量殿正面每层有七个阁洞，阁洞上嵌有砖雕匾额。无量殿有着很高的艺术价值，是我国无梁建筑中的杰作。

明、清佛塔多种多样，形式众多。在造型上，塔的斗拱和塔檐很纤细，环绕塔身如同环带，轮廓线也与以前不同。由于塔的体型高耸，形象突出，在建筑群的总体轮廓上起很大作用，丰富了城市的立体构图，装点了风景名胜。佛塔的意义实际上早已超出了宗教的规

南京灵谷寺

定，成了人们生活中的一个重要审美对象。因而，不但道教、伊斯兰教等也建造了一些带有自己风格意蕴的塔，民间也造了一些风水塔（文风塔）、灯塔。在造型、风格、意匠、技艺等方面，它们都受到了佛塔的影响。飞虹塔在山西洪

靖六年（1527年）重建，天启二年（1622年）底层增建围廊塔平面八角形，十三级，高47.31米。塔身青砖砌成，各层皆有出檐，塔身由下至上渐变收分，形成挺拔的外轮廓。同时模仿木构建筑样式，在转角部位施用垂花柱，在平

敦煌莫高窟

洞县城东北17千米广胜上寺，为国内保存最为完整的阁楼式琉璃塔。塔身外表通体贴琉璃面砖和琉璃瓦，琉璃浓淡不一，晴日映照，艳若飞虹，故得名飞虹塔。塔始建于汉，屡经重修，现存为明嘉

板枋、大额枋的表面雕刻花纹，斗拱和各种构件亦显得十分精致。形制与结构都体现了明代砖塔的典型作风。该塔外部塔檐、额枋、塔门以及各种装饰图（如观音、罗汉、天王、金刚、龙虎、麟凤、花卉、

鸟虫等），均为黄、绿蓝三色琉璃镶嵌，玲珑剔透，光彩夺目，形成绚丽繁缛的装饰风格，至今色泽如新。塔中空，有踏道翻转，可攀登而上，为我国琉璃塔中的代表作。

金刚宝座式塔是一种群体塔，俗称"五塔"。它源于南亚次大陆，以佛陀迦耶大塔为典型代表。敦煌莫高窟北朝壁画中曾有出现，但未被推广。藏传佛教大量采用此种五塔形式，作为宇宙模式的一种

北京四合院

表征。除藏、蒙地区外，明清时代华北以北京和承德地区为多。北京地区著名的有明代真觉寺塔、清代碧云寺塔和西黄寺清净化城塔等。

除了城市建筑、寺庙建筑、宫殿建筑外，明清时代的民居建筑也得到大发展。北京四合院作是北方合院建筑的代表。它院落宽绰疏朗，四面房屋各自独立，彼此之间有游廊联接，起居十分方便。四合院是封闭式的住宅，对外只有一个街门，关起门来自成天地，具有很强的私密性，非常适合独家居住。院内，四面房子都向院落方向开门，一家人在里面其乐融融。由于院落宽敞，可在院内植树栽花，饲鸟养鱼，叠石造景。居住者不仅享有舒适的住房，还可分享大自然赐予的一片美好天地。

影壁是北京四合院大门内外的重要装饰壁面，绝大部分为砖料砌成，主要作用在于遮挡大门内外杂乱呆板

的墙面和景物，美化大门的出入口，人们进出宅门时，迎面看到的首先是叠砌考究、雕饰精美的墙面和镶嵌在上面的吉辞颂语。通过一座小小的垂花门，便是四合院的内宅了。内宅是由北房、东西厢房和垂花门四面建筑围合起来的院落。封建社会，内宅居住的分配是非常严格的，位置优越显赫的正房，都要给老一代的老爷、太太居住。北房三间仅中间一间向外开门，称为堂屋。两侧两间仅向堂屋开门，形成套间，成为一明两暗的格局。堂屋是家人起居、招待亲戚或年节时设供祭祖的地方，两侧多做卧室。东西两侧的卧室也有尊卑之分，在一夫多妻的制度下，东侧为尊，由正室居住，西侧为卑，由偏房居住。东西耳房可单开门，也可与正房相通，一般用做卧室或书房。东西厢房则由晚辈居住，厢房也是一明两暗，正中一间为起居室，两侧为卧室。也可将偏南侧一间分割出来用做厨房或餐厅。中型以上的四合院还常建有后军房或后罩楼，主要供未出阁的女子或女佣居住。

南方地区的住宅院落很小，四周房屋连成一体，称作"一颗印"，适合于南方的气候条件。南方民居多使用穿斗式结构，房屋组合比较灵活，适于起伏不平的地形。南方民居多用粉墙黛瓦，给人以素雅之感。在南方，房屋的山墙喜欢作成"封火山墙"，可以认为它是硬山的一种夸张处理。在古代人口密集的南方一些城市，这种高出屋顶的山墙，确实能起到防火的作用，同时也有一种很好的装饰效果。诸如分布于南方地区的客家土楼是世界上独一无二的神话般的山村民居建筑。土楼分方形土楼和圆形土楼两种。圆形土楼最富于客家传统色彩，最为震撼人心。客家人原是中国黄河中下游的汉民族，1900多年前在战乱频繁的年代被迫南迁。在这漫长的历史动乱年代中，客家人为避免外来的冲击，不得不恃山经营，聚族而居。起初用当地的生土、砂石和木条建成单屋，继而连成大屋，进而垒起多层的方形或圆形土楼，以抵抗外力压迫，防御匪盗。这种奇特的土楼，后来传布到福建、广东、江西、广西一带的客家地区。从明朝中叶起，土楼愈建愈大。在古代乃至解放前，土楼始终是客家人自卫防御的坚固的楼堡。此外，我国其他地方的民居也都很有特色。总之，民居是劳动人民智慧的结晶，形式比较自由，不受"法式""则例"等条条框框的约束。

建筑知识小点萃

明清时代的飞云楼

　　飞云楼在四川万荣县解店镇东岳庙内，相传始建于唐代，现存者建于明正德元年（1506年）重建。楼面阔5间，进深5间，外观三层，内部实为五层，总高约23米。底层木柱林立，支撑楼体，构成棋盘式。楼体中央，四根分立的粗壮天柱直通顶层。这四根支柱，是飞云楼的主体支柱。通天柱周围，有32根木柱支擎，彼此牵制，结为整体。平面正方，中层平面变为折角十字，外绕一圈廊道，屋顶轮廓多变；第三层平面又恢复为方形，但屋顶形象与中层相似，最上再覆以一座十字脊屋顶。飞云楼体量不大，但有四层屋檐，12个三角形屋顶侧面，32个屋角，给人以十分高大的感觉。各层屋顶也构成了飞云楼非常丰富的立面构图。屋角宛若万云簇拥，飞逸轻盈。此楼楼顶，以红、黄、绿五彩琉璃瓦铺盖，木面不髹漆，通体显现木材本色，醇黄若琥珀，楼身上悬有风铃，风荡铃响，清脆悦耳。

飞云楼

第二章

中国古代建筑类别

中国古代建筑在前秦时代有了较大的发展。周朝的建筑较之殷商更为发达，开始用瓦盖屋顶。此时建筑以版筑法为主，其屋顶如翼，木柱架构，庭院平整，已具一定法则。商周时期，中国古代建筑的主要特征如庭院形式、对称布局、木梁架结构、单体造型、大屋顶等已初步形成。后来随着中国封建统一王朝的建立、文化的交流，尤其是中国地域博大精深，各地富有特色的文化传统异彩纷呈，最终造就了中国古代建筑艺术类型丰富、风格多彩多姿的特点。中国古建筑的成型阶段处于封建社会初期，以春秋、战国为开端。春秋战国时期，各诸侯国皆大兴土木，"高台榭，美宫室"。秦汉时期为中国古建筑的发展高潮，是中国古代建筑发展史上的第一个高峰，三国、两晋延其余脉，南北朝是成熟阶段的序曲。在成型阶段，中国古代建筑体系已经定型。在构造上，穿斗架、叠梁式构架、高台建筑、重楼建筑和干栏式建筑等相继确立了自身体系，并成了日后2000多年中国古代木构建筑的主体构造形式。

　　在类型上，城市的格局、宫殿建筑和礼制建筑的形制、佛塔、石窟寺、住宅、门阙、望楼等都已齐备。中国古代建筑，在类型上有宫廷府第建筑、防御守卫建筑、纪念性和点缀性建筑、陵墓建筑、园囿建筑、祭祀性建筑、桥梁及水利建筑、民居建筑、宗教建筑、娱乐性建筑十类，这些古建筑类型，既有着历史发展的前后性与更替性，也反映着不同时代的人们的审美思想与美学追求，从而使每一个建筑类型均有着独具一格的艺术风格。中国古代建筑可以分为自由委婉的园林风格，雍容华丽的宫室型风格，亲切宜人的住宅型风格，庄重严肃的纪念型风格这四种基本风格。其中，自由委婉的园林风格主要体现在私家园林、皇家园林和山林寺观中。建筑与花木山水结合，将自然景物融于建筑之中；雍容华丽的宫室型风格体现在宫殿、府邸、衙署和佛道寺观中，追求主次分明，体量大小搭配恰当，装饰华丽；亲切宜人的住宅型风格主要体现在一般住宅、会馆、商店之中，追求与生活密切结合，造型简朴，装修精致；庄重严肃的纪念型风格体现在礼制祭祀建筑、陵墓建筑和宗教建筑中，追求主体形象突出，富有象征涵义。本章我们继续以中国古代建筑为话题，来谈一谈中国古代建筑的"尚木"特性，以及诸如楼台、阁榭、亭园等建筑类别。

阁　榭

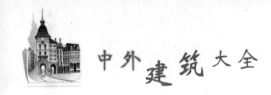

尚木的中国古代建筑

中国古代建筑与世界其他建筑形态最基本的区别是木结构，是世界上唯一以木结构为主的建筑体系。《易经·系辞》中说："上古穴居而野处，后世圣人易之以宫室，上栋下宇，以侍风雨，盖取诸大壮。"其中的"上栋下宇"即是说明当时的人们用木头为自己构造一个可避风雨、禽兽的住处。这即体现出中华建筑文化久远的"尚木"渊源。我国发现的最早的木结构建筑遗址在浙江余姚河姆渡，距今7000年。考古发现在300平方米的范围内，最少有三栋以上的干阑式建筑遗迹，其中一座长约23米，进深约8米。木构件建筑遗物有柱、梁、枋、板等，许多构件上都有榫卯。而在陕西西安半坡村遗址，其南北约300米，东西200米，居住区在南面。东面是制陶的窑场，中间隔着一道濠沟，濠沟北面是墓葬区，功能分明，类型齐全。此时的建筑已从半穴居发展到地面建筑，已有了分隔成几个房间的房屋，建筑方法为木骨泥墙。西晋学者张华在《博物志》中说"南越巢居，北朔穴居"，说明由穴居而野处，发展到半地下式的木骨泥墙建筑和木制榫卯结构的干阑式建筑，这即展现出了中国建筑以木为结构的历史传统。

中国的建筑以木作为主要的构架材料，因此如梁、柱、栋、楹都从木，而墙、垣、壁、堂都从土，木和土成为古代中国建筑的主要材料。著名建筑史学家李允鉌先生曾提出：在中国最早的甲骨文里，有三个代表建筑的字——

"室""宅""宫"。其中"室"字是一座建在台基之上的四面坡屋顶的建筑;"宅"字是由木头支起屋架,是一座房屋的"剖面图";"宫"字,则是在一个方形的院子里布置了4座房屋。从这三个字中,我们可以看出中国古代建筑的结构、外形和平面布局,极其形象地展示了中国古代建筑的早期形态。西周时出现了瓦,它是中国古代建筑的重要进步。西周中期出现了面积达280平方米,最大面阔5.6米,全部使用瓦屋顶的大型木框架房屋。至此,中国古代建筑中使用木构架、大屋顶,采取封闭式有中轴线的院落布局(四合院),这三个中国古代建筑的主要特点已初步形成。

中国古代建筑木结构建筑主要分为抬(叠)梁式、穿斗式两种,另外还有井干式。其中,抬梁式构架是中国古代建筑木结构的主要形式;穿斗式构架建造时,先在地面上拼装成整榀屋架,然后竖立起来,具有省料,便于施工的优

点。同时,密列的立柱也便于安装壁板和筑夹泥墙。另外,木结构的建筑几乎都有一定的制作规范。宋代李诫的《营造法式》中即有各种"作"(大木作、瓦作)的制度、工限、料例及有关附图,系统说明当时建筑的分级,结构方法,规范要领;提出"以材为祖"的材份制,这是建筑体系达到成熟阶段的标志。"间"是中国建筑的基本单位,若干"间"单体围合成中国建筑的组群。一般来说,"间"是二檐柱间的距离,一般以单数为单元。也就是说,建筑的大小只不过是间的扩大,所谓"天子九间,诸侯七间,大夫五间,士三间",即是三、五、七、九间。民居一般为三间,官府、衙署为五、七间,皇宫为九间。而"步"则是中国建筑的第二个基本单位,即两个相邻屋檩的距离,由步长之和组成进深。

总之,中国古代建筑以木结构为主体,其基本艺术造型特点来自结构本身。而且中国建筑的起点是以间为代表的房屋,宫殿只不过是

中外建筑大全

侗族木质塔楼

房屋的扩大，只不过柱子更高，梁坊更长，间数更多而已。而从历史发展的逻辑来说，中国古代建筑从建筑体制上汉承秦制、唐继汉制、宋承唐制、清继明制，是一朝一朝承袭下去的。于是在这种世代继承的长达二千多年稳定的社会历史与文化结构中，造就了中国古代建筑稳定的建筑形态与特色。不过，尽管中国古代建筑在形制上变化不大，承袭性很强，但由于中国古代建筑材料上的木质化容易腐朽、火烧，而且土易坍塌，加上战乱灾祸，从而使留存至今的古代建筑廖如星辰。

中国古代建筑中的殿堂

中国古代建筑群中的主体建筑，包括殿、堂两类建筑形式，其中殿为宫室、礼制和宗教建筑所专用。堂、殿出现于周代。"堂"字原意是相对内室而言，指建筑物前部对外敞开的部分。堂的左右有序、有夹，室的两旁有房、有厢。这样的一组建筑统称为堂，泛指天子、诸侯、大夫、士的居处建筑。

阿房前殿

"殿"字是形容建筑物的形体高大，地位显著。最早在单体建筑的名称缀以"殿"字的，是秦始皇的甘泉前殿、阿房前殿。殿、堂二字，最初可以通用，后来有了等级差别。西汉初期，宫室、丞相府正堂可称殿；西汉中叶以后，殿的名称逐渐为宫室专用；东汉后，殿成为皇帝起居、朝会、宴乐、祭祀之用的建筑物的通称。此后，佛寺道观中供奉神佛的建筑物也称殿。汉代以后，"堂"一般是指衙署和第宅中的主要建筑，而宫殿、寺观中的次要建筑也可称堂，如南北朝宫殿中的"东西堂"、佛寺中的讲堂、斋堂等。

在形制上，作为单体建筑，殿和堂都可分为台阶、屋身、屋顶三个基本部分。因受封建等级制度的制约，殿和堂在形式、构造上都有区别。比如堂只有阶；殿不仅有阶，还有陛，即除了本身的台基之外，下面还有一个高大的台子作为底座，由长长的陛级联系上下。殿和堂在屋顶形式上也是有区别的，比如只有殿才可以用庑殿屋顶，用鸥尾；堂只能用歇山顶或悬山顶。宋代以后，歇山顶也为宫殿专用，官署、住宅等只能用悬山或硬山屋顶。另外，殿由水平分层（立柱层、铺作层、屋顶层）叠组而成；堂则是用柱梁等构件组成一榀榀横向梁架，再用檩枋等构件将各榀梁架联结而成。在布局上，殿一般位于宫室、庙宇、皇家园林等建筑群的中心或主要轴线上，其平面多为矩形，也有方形、圆形、工字形。殿的空间和构件的尺度往往较大，装修较讲究。而堂一般作为府邸、衙署、宅院、园林中的主体建筑，平面形式多样，体量较适中，结构和装饰较简洁，且往往表现出更多的地方特征。

另外在宗教建筑中，殿堂是中国佛寺中重要屋宇的总称。一般来说，殿是奉安佛、菩萨像，以供礼拜祈祷的处所；堂是供僧众说法、行道的地方。殿堂的名称依所安佛、菩萨而命名，比如安置佛、菩萨像，称为大雄宝殿、毗卢殿、药师殿、三圣殿、弥勒殿、观音殿、韦驮殿、金刚殿、伽兰殿；安置遗骨、法宝的，称为舍利殿、藏经楼（阁）、转轮藏殿；安置祖师像的，称为开山堂、祖师堂、影堂、罗汉堂；供讲经、集会、修道之用的，称为法堂、禅堂、板堂、学戒堂、忏堂、念佛堂、云水堂；其他供日常生活、接待用的，称为斋堂（食堂）、客堂、寝堂（方丈）、茶堂（方丈应接室）、延寿堂（养老堂）等。

建筑知识小点萃

佛教中的大雄宝殿（1）

大雄是佛的德号。大是包含万有的意思；雄是摄伏群魔的意思。因为释迦牟尼佛能雄镇大千世界，降伏四魔（烦恼魔，即贪等烦恼，能恼害身心；阴魔，即五众魔，能生种种苦恼；死魔，死能断人之命根；天魔），因此尊称为大雄。宝殿的宝，是指佛法僧三宝。大雄宝殿是正殿，也称大殿、佛宝殿、正殿，是整座寺院的核心建筑，是僧众朝暮集中修持的地方。大雄宝殿中供奉释迦牟尼佛的像，而非菩萨或护法像。大雄宝殿前面的空地上，一般散缀着罗汉松、马尾松、扁柏。

　　大雄宝殿中的释迦牟尼佛像主要有三种造型：一是结跏趺坐，即左手横置左足上，名为定印，表示禅定的意思；右手直伸下垂，名为"触地印"，表示释迦在成道以前，为了众生牺牲了自己的一切，这些唯有大地能够证明。这种姿势的造像，名为成道相。二是结跏趺坐，即左手横置左足上，右手各上屈指作环形名为"说法印"，是"说法相"，表示佛说法的姿势。三是立佛，即左手下垂，右手屈臂向上伸，名为"栴檀佛像"。手下垂，名为"与愿印"，表示能满众生愿；上伸，名为"施无畏印"，表示能除众生苦。另外还在释迦牟尼佛像旁塑有两位比丘塑像，一年老，一中年，年老的叫"迦叶尊者"，中年的叫"阿难尊者"。大殿中的这组造像，称为"一佛两弟子"。

释迦牟尼像

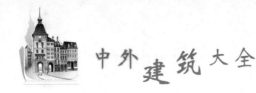
中国古代建筑中的楼阁

楼阁是中国古代建筑中的多层建筑物。楼与阁在早期是有区别的。楼是指重屋，阁是指下部架空、底层高悬的建筑。另外，阁一般平面近方形，两层，有平坐，在建筑组群中可居主要位置，如佛寺中有以阁为主体的，独乐寺观音阁。楼则多狭而修曲，在建筑组群中常居于次要位置，如佛寺中的藏经楼，王府中的后楼、厢楼等，一般处于建筑组群的最后一列或左右厢位置。后来随着时间的变迁，楼、阁二字互通，无严格区分。可以登高望远的风景游览建筑往往用楼阁为名，如黄鹤楼、滕王阁等。

古代楼阁有多种建筑形式和用途。城楼在战国时期即已出现。汉代城楼已高达三层，阙楼、市楼、望楼等都是汉代楼阁形式。这是由于汉代皇帝崇信神仙方术，认为建造高峻楼阁可以会仙人。佛教传入中国后，大量修建的佛塔建筑也是一种楼阁。其中富有代表性的有：北魏洛阳永宁寺木塔，高"四十余丈"；建于辽代的山西应县佛宫寺释迦塔高67.31米，仍是中国现存最高的古代木结构建

山西应县佛宫寺释迦塔

筑。中国古代楼阁多为木结构，有多种构架形式。以方木相交叠垒成井栏形状所构成的高楼，称井干式；将单层建筑逐层重叠而构成整座建筑的，称重屋式。唐宋以来，在层间增设平台结构层，其内檐形成暗层和楼面，其外檐挑出成为挑台，这种形式宋代称为平坐。其各层上下柱之间不相通，构造交接方式较复杂。明清以来的楼阁构架，是将各层木柱相续成为通长的柱材，与梁枋交搭成为整体框架，称之为通柱式。

下面我们就来介绍中国古代楼阁建筑中富有代表性的真武阁与观音阁。广西容县真武阁建于明万历元年（1573年），建在容县东门的古经略台上。阁三层，楼层面阔三间，进深一间，底层扩展为面阔五间，进深三间，外观

三层檐，歇山顶，高13.20米，屋檐挑出很大而柱高甚低，感觉比一般楼阁的出檐节奏加快，使得真武阁像是一座单层建筑而有三重屋檐，有强烈的韵律感和动势，但又较一般重檐建筑从容和层次鲜明。再加屋坡舒缓流畅，角翘简洁平缓，给全体增加了舒展大度的气魄，非常清新飘逸，是充分表现中国建筑屋顶美的杰作。底层平面比上两层大出很多，也使轮廓更显生动。真武阁不以浓丽华贵取胜，而以轻灵素雅见长。全阁用了近3000条坚如石制的铁黎木构件，全部外露木面，一律为灰黑色，三重屋面则是绿瓦

广西容县真武阁

灰脊，色调极淡雅柔和。登阁远望，隔着南岸广阔的平原，东南山岭巍然矗立，气势雄壮。阁本身高13米，加上台高近20米，也是周围区域观赏的对象。在楼层有四、五根金柱，贯穿二、三层，其柱脚悬空，下离二层楼面5~25毫米，形成此建筑的一个特点。

河北蓟县独乐寺观音阁重建于辽统和二年（1052年），现存的山门和观音阁均是辽代的原物。山门是独乐寺的大门，面阔三间，进

河北蓟县独乐寺观音阁

深两间，单檐庑殿顶，举折和缓，出檐深远，檐角如翼如飞。山门台基之上立木柱十二根，四根角柱柱

头微向内收，柱脚略出向外，种"侧脚"技法即稳定了结构，防止建筑外倾，又丰富了建筑物的形象。在每根柱头之上，累叠着雄大的斗拱。山门内部不用天花，斗拱、梁、檩条等构件全部可见，极富装饰效果。山门正脊两端的鸱吻，龙头有形，尾向内卷，犹如雉鸟飞翔，十分生动，这正是唐代鸱尾向明清龙吻演变过程中的一个实例。走过山门，便是高大宏伟的观音阁。它在造型上，兼有唐的雄健和宋的柔和，是辽代建筑中一个重要的代表，也是中国现存双层楼阁建筑最高的一座，以建筑手法高超著称。观音阁外观两层，内有一暗层，实为三层的。观音阁高23米，面宽五间，进深四间，单檐歇山顶，一、二层间有腰檐，檐上出平座，阁的第三层复以藻

井，左右次间则用平棊。观音阁上下檐斗拱雄健，排列疏朗，显然留有唐代作风。观音阁内柱网布置采用内外两周的配置方法，构成一个大圈套小圈的双层圈柱平面。观音阁斗拱种类繁多，达24种。其梁、柱、斗枋虽数以千计，但布置有序，组成一个牢固优美的整体。同时，全阁的面宽与进深的比率以及高与进深的比率，均在4：3左右。这样完整统一，设计精巧而稳定的结构，使独乐寺自辽代重建以来，曾经受28次地震，几乎所有的房屋全倒塌了，唯独观音阁和山门和丝毫未损。

中国古代建筑中的亭

亭的历史十分悠久，最早的亭并不是供观赏用的建筑。如周代的亭，是设在边防要塞的小堡垒，设有亭史。秦汉时期的亭成为地方维护治安的基层组织。魏晋南北朝时，代替亭的是驿。之后亭和驿逐渐废弃，但民间却有在交通要道筑亭为旅途歇息之用的习俗，也有的作为迎宾送客的礼仪场所，一般是十里或五里设置一个，十里为长亭，五里为短亭。同时，亭作为点景建筑，开始出现在园林中。隋唐时期，园中筑亭已很普遍，如洛阳西苑中的风亭月观，唐代大明宫太液池中的太液亭，兴广宫龙池中的沉香亭。进入宋代，《营造法式》中详细描述了多种亭的形状和建造技术。而明代著名的造园家计成在《园冶》中则说："亭胡拘水际，通泉竹里，按景山颠，或翠筠茂密之阿，苍松蟠郁之麓"，指出山顶、水涯、湖心、松荫、竹丛、花间都是筑亭的合适地点。

亭，又名凉亭，是一种中国

传统建筑，多建于路旁，供行人休息、乘凉或观景。亭一般为开敞性结构，没有围墙，顶部分为六角、八角、圆形。《释名》中说："亭

亭

者，停也。人所停集也。"亭一般设置在可供停息、观眺的形胜之地，如山冈、水边、城头、桥上以及园林中。在众多类型的亭中，方亭最常见；有半山亭、路亭、半江亭、独立亭、桥亭，多与走廊相连，依壁而建；还有专门用途的亭，如碑亭、井亭、宰牲亭、钟亭等。亭的平面形式有方、长方、五

角、六角、八角、圆、梅花、扇形等。亭的屋顶有攒尖、歇山、锥形及其他形式复合体。大型的亭可筑重檐，或四面加抱厦。陵墓、宗庙中的碑亭、井亭，建造得很庄重，如明长陵的碑亭。大型的亭可以做得雄伟壮观，如北京景山的万春亭。小型的亭可以做得轻巧雅致，如杭州三潭印月的三角亭。亭的不同形式，可以产生不同的艺术效果。亭的结构以木构为最多，也有用砖石砌造。

我国园林几乎都离不开亭，亭在园景中往往起到画龙点睛的作用。园中设亭，关键在位置。亭多设在视线交接处，如苏州网师园的"月到风来亭"、拙政园水池中的"荷风四面亭"、拙政园中的绣绮

亭、苏州沧浪亭、留园中的舒啸亭、上海豫园中的望江亭，都建于高处。也有在桥上筑亭的，如扬州瘦西湖的五亭桥、北京颐和园中西堤上的桥亭等。在园林艺术中，亭以其美丽多姿的轮廓与周围景物构成园林中美好的画面，如杭州西湖湖心亭，四面临水，花树掩映，使湖心亭与"三潭印月"、阮公墩三岛，如同神话中海上三仙山一样鼎立湖心。另外西湖还有三角亭、百寿亭、碑亭等。

亭既是重要的景观建筑，也是园林艺术中文人士大夫挽联题对点景之地。如济南大名湖有历下亭，杜甫曾题诗曰："海右此亭古，济南名士多"。清代书法家何绍基将此诗句写成楹联，挂于亭上，名亭、名诗、名书法，堪称三绝。另外绍兴关诸山则有著名书法家王羲之当年作《兰亭集序》的兰亭，池水旁有一块石牌，上书"鹅池"，成为著名园林景区。其他名亭还有以白居易的诗句"更待菊黄家酿

大明湖历下亭

熟，与君一醉一陶然"而命名的北京陶然亭，以及为纪念写出名诗"疏影横斜水清浅，暗香浮动月黄昏"的北宋诗人林和靖而建的杭州孤山放鹤亭。

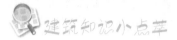

建筑知识小点萃

佛教中的大雄宝殿（2）

"三宝殿"源自佛教，"三宝"是指佛教中的佛、法、僧；"佛"是佛教信徒"大众登场藏事的地方，如"大雄宝殿"；"法"是佛家珍藏经典之所，如"藏经楼"；"僧"是指僧侣"燕息"的禅房，也称僧寮。有的大雄宝殿中不是一尊佛像而是三尊，分别代表中、东、西三方不同世界的佛。中间一尊是释迦牟尼佛；左边是东方净琉璃世界的药师琉璃光佛，结跏趺坐，左手持钵，表示甘露，右手持药丸；右边是西方极乐世界的阿弥陀佛，结跏趺坐，双手叠置足上，掌中有一莲台，表示接引众生的意思。这三尊佛合起来，叫"横三世佛"。三世佛旁边各有二位菩萨立像和坐像，在释迦牟尼佛旁的是文殊菩萨、普贤菩萨；在药师佛旁的是日光菩萨、月光菩萨；在阿弥陀佛旁的是观世音菩萨、大势至菩萨。这六位菩萨各是三位佛的上首弟子。三世佛又有以过去、未来、现在为三世的，名为"竖三世佛"。正中是现代佛，就是释迦牟尼佛；东边是过去的迦叶佛；西边是未来的弥勒佛。

中国古代建筑中的廊

廊是指屋檐下的过道、房屋内的通道或独立有顶的通道，廊庙是指朝廷；廊檐是指廊顶突出在柱子外边的部分。廊包括回廊和游廊，能遮阳、防雨、小憩。廊是建筑的组成部分，也是构成建筑外观特点和划分空间格局的重要手段。

的处理、美化都是十分关键的，并能产生庄重、活泼、开敞、深沉、闭塞、连通等不同效果；园林中的游廊则可以划分景区，造成多种多样的空间变化，增加景深，引导最佳观赏路线等作用。中国古代建筑中的廊常配有几何纹样的栏杆、坐凳、鹅项椅（美人靠）、挂落、彩画；隔墙上常装饰有什锦灯窗、漏窗、月洞门、瓶门。总之，殿堂檐下的廊，作为室内外的过渡空间，是构成建筑物造型上虚实变化和韵律感的重要手段。

颐和园的长廊

如围合庭院的回廊，其对庭院空间　　筑中廊的代表作是颐和园的彩画长

中国古代建

廊。在颐和园众多的廊中，万寿山卜横贯东西的彩画长廊是中国园林中最精彩的廊。彩画长廊将分布在湖山之间的楼、台、亭、阁、轩、馆、舫、榭等，有机联成整体。彩画长廊从乐寿堂西的邀月门开始，至西面的石丈亭为止，共有273间，全长278米，宽2.28米，柱高2.52米，柱间2.49米。廊的中间建有象征春、夏、秋、冬的留佳、寄澜、秋水、清遥四座八角重檐亭。东西两段各有短廊伸向湖岸，衔接着"对鸥舫""鱼藻轩"两座水榭。彩画长廊的走向随着昆明湖北岸的凹凸而弯曲，营造出曲折、绵延、无尽的廊式。最值得一提的是，长廊的每根廊枋上都绘有大小不同的苏式彩画，其14 000余幅，内容有西湖风景、山水人物、花卉翎毛、乾隆南巡时临摹沿途的景色，以及出自《红楼梦》《西游记》《水浒传》《三国演义》《聊斋》《封神演义》中的故事。

中国古代建筑中的台榭

在中国古代建筑体系里，所谓楼是指高楼；阁是指架空的楼；台是指土筑的高坛；榭是指台上的房屋。东晋葛洪在《西京杂志》里写道："楼阁台榭，转相连注，山池玩好，穷尽雕丽。"具体来说，中国古代将地面上的夯土高墩，称为台；而将台上的木构房屋称为榭；两者合称为台榭。自春秋至汉代，台榭一直是宫室、宗庙中常用的建筑形式。我国遗留下来的台榭遗址有春秋晋都新田遗址、战国燕下都遗址、邯郸赵国故城遗址、秦咸阳宫遗址、西汉明堂辟雍遗址。我国最早的台榭只是在夯土台上建造的有柱无壁、规模不大的敞厅，其功能是供眺望、宴饮、行射之

用。春秋时期，各国的宫室、宗庙竞相凭借夯土作为构造手段，采用以阶梯形夯土台为核心、倚台逐层建房的方法，从而使得台榭建筑普遍流行。汉朝以后基本上不再建造台榭式的建筑。台榭具有防潮和防御的功能。

就榭来说，其含义与形式十分丰富。榭一般是指建在高土台或水面(或临水)上的木屋；还指四面敞开的较大的房屋；唐代以后又将临水的或建在水中的建筑物，称为水榭；榭还有无室的厅堂，以及藏器或讲军习武的处所等意思。尤其是水榭，其建于水边或者花畔，借以成景，平面常为长方形，一般多开敞或设窗扇，以供人们游憩、眺望，且要三面临水。在中国古典园林中，榭是一种供游人休息、观赏风景的临水园林建筑，是依水架起的观景平台，平台一部分架在岸上，一部分伸入水中。榭四面敞开，常于廊、台组合在一起。平台跨水部分以梁、柱凌空架设于水面之上。平台临水围绕低平的栏杆，或设鹅颈靠椅供坐憩凭依。平台靠岸部分建有长方形的单体建筑(此

台　榭

建筑有时整个覆盖平台），建筑的面水一侧是主要观景方向，常用落地门窗，开敞通透。既可在室内观景，也可到平台上游憩眺望。屋顶一般为造型优美的卷棚歇山式。建筑立面多为水平线条，以与水平面景色相协调。我国富有代表性的水榭建筑有北京颐和园内谐趣园中的"洗秋"和"饮绿"两座水榭以及苏州拙政园里的芙蓉榭。芙蓉榭建筑在荷花池边，临水的门框装有一个雕花的长方形落地罩，屋顶为卷棚歇山顶，四角飞翘，一半建在岸上，一半伸向水面，灵空架于水波上，面临广池，池水清清，是夏日赏荷的绝佳场所。

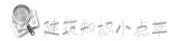
建筑知识小点萃

佛教中的大雄宝殿（3）

大雄宝殿的两侧多供奉有十八罗汉像。据说，佛涅槃前嘱咐了十六位大罗汉，让他们不要涅槃，常住世间为众生培植福德。这十六位罗汉是：一宾度罗跋罗惰阇、二迦诺迦伐蹉、三迦诺迦跋厘惰阇、四苏频陀、五诺矩罗、六跋陀罗、七迦理迦、八伐阇罗弗多罗、九戍博迦、十半托迦、十一罗怙罗、十二那迦犀那、十三因揭陀、十四伐那婆斯、十五阿氏多、十六注茶半托迦。五代以后，加上《法注记》的作者难提密多罗和《因果识见颂》的作者摩拿罗多，成为十八罗汉。还有的大雄宝殿在正殿佛像背后，有坐南向北的菩萨像。一般是文殊、普贤、观音三大士之像，文殊骑狮子，普贤骑六牙白象，观音骑龙。总之，大雄宝殿的像可分为三部分：一是大殿正中的主尊佛像，二是大殿两侧的十八罗汉，三是正中佛坛背后的三大士或海岛观音像（观音像两旁有善财童子和龙女像作为胁侍）。

中国古代建筑中的庙

庙是古代供祀祖宗的地方，即所谓的宗庙，有严格的等级限制。中国古籍《礼记》中说："天子七庙，卿五庙，大夫三庙，士一庙。"尤其是"太庙"，则是帝王的祖庙，其他人可按制建立"家庙"。在现实政治生活中，还分有用来敕封、追谥文人武士的文庙（孔子庙、先师庙）、武庙（关帝庙），如山东曲阜的文庙、河北张家口的关帝武庙。不过汉代以后，庙逐渐与原始的土地庙混在一起，变为祭祀鬼神的场所，比如称镇守神祠的为城隍庙、富贵神祠的为财神庙，以及天妃庙（天后宫）、土地庙、龙王庙、娘娘庙等。

中国古代的庙大致可分为三类：一是祭祀祖先的庙。中国古代帝王诸侯等奉祀祖先的建筑称宗庙。帝王的宗庙称太庙，是等级最高的建筑。而贵族、显宦、世家大族奉祀祖先的建筑，称家庙、宗祠，一般设于宅第东侧。有的宗祠附设义学、义仓、戏楼；二是奉祀圣贤的庙，如最著名的是奉祀孔丘的一些许多地方还奉祀当地的名臣、先贤、义士、节烈，如奉祀诸葛亮的"武侯祠"，奉祀岳飞的"岳王庙""岳飞庙"；三是祭祀山川、神灵的庙，如祭拜天地山川的后土庙。最著名的是奉祀五岳（泰山、华山、衡山、恒山、嵩山的神庙），其中泰山的岱庙规模最大。另外，需要特别指出的是，佛教中的庙相当于梵语的"窣堵波"，《法苑珠林》中说："西梵正音名为窣堵波，此土云庙。庙者貌也，即是灵庙也。"是指佛祖涅槃后，后人建起塔庙礼拜供养，以示尊重恭敬。现代中国人，一般称

太 庙

佛教寺院为寺，称道教及民间宗教建筑为庙。总之，如今的庙是奉祀佛祖、圣贤、祖先、神灵的处所。下面简单介绍一下北京的太庙。

太庙位于天安门广场东北侧，是明清两代皇帝祭奠祖先的家庙，始建于明永乐十八年（1420年），1950年改名为"劳动人民文化宫"。太庙平面呈长方形，南北长475米，东西宽294米，由前、中、后三大殿构成三层封闭式庭园。殿内的主要梁栋外包沉香木，别的建筑构件均为名贵的金丝楠木；天花板及廊柱皆贴赤金花。太庙大殿两侧各有配殿十五间，东配殿供奉着历代的有功皇族神位，西配殿供奉异姓功臣神位。大殿之后的中殿称寝殿，后殿称祧庙。太庙的正门设于天安门内御路东侧，称太庙街门，是皇帝祭祀太庙时所走之门。该门与天安门内御路西侧社稷坛门相对。太庙前殿是主殿，是皇帝举行大祀之处，始建于明代，顺治年间重修。中殿供奉皇帝祖先牌位，始建于明永乐十八年（1420年）。每逢祭典前一天，将牌位移至享殿安放，祭毕奉回。后殿供奉清朝立国前被追封的帝后神牌。此外还有神厨、神库、宰牲亭、治牲房。

中国古代建筑中的坛

"坛"是古代用于祭祀天、地、社稷等活动的台型建筑。"坛"在《说文解字》里解释为"祭场",原来是指在平坦的地面上用土堆筑的高台,主要功能是用于祭祀,所以又名"祭坛"。另外在盟誓、朝会、封拜时,古人也经常筑坛,以示郑重,如刘邦就曾筑坛聚会,拜韩信为大将。祭坛的出现,与古代人们在露天环境下祭拜自然神的活动密切相关。当时的人们为了吸引神明的注意,使自己的祈望更好地传达于神明,往往利用自然形成的土丘、高岗、山头等较高的地形来构筑祭坛。后来,大型祭坛的建筑和使用逐渐被统治者垄断。所祭祀的对象,也逐渐集中于天、地、日、月、社稷、先农等高

神农祭坛

级神灵；而且由人间最高的统治者来主祭。

"坛"有着广义、狭义之别。狭义的祭坛指祭祀的主体建筑或方形或圆形的祭台，广义的祭坛则包括主体建筑和各种附属性建筑。如北京天坛，狭义的天坛仅指圜丘坛，而广义的天坛则包括斋宫、祁年殿、皇穹宇、宰牲亭等其他所有建筑物。另外不同的坛还有着不同的等级区别，比如天坛、社稷坛为三层；地坛为两层；日坛、月坛、先农坛为一层。而且中国古代坛的建设多以阴阳五行等学说为依据。如天坛、地坛的主体建筑分别采用圆形和方形，源于"天圆地方"之说。而且天坛所用石料的件数和尺寸都采用奇数，是采用古人"以天为阳"和"以奇数为阳"的说法。另外天坛祈年殿有三重檐分别覆以三种颜色的琉璃瓦：上檐青色象征青天，中檐黄色象征土地，下檐绿色象征万物，这些也是阴阳五行思想的反映。

总之，祭坛是祭礼神灵的场所。台而不屋为坛，设屋而祭为庙。坛在中国距今约有五六千年的历史。在中国历史上，仅有元朝是按蒙古旧俗祭祀神，对传统的坛庙不太重视。而明朝则是修复旧礼、兴建坛庙的鼎盛期。坛庙祭祀对象分为自然神（如天帝、日月星辰、风云雷雨、皇地、社稷、先农、岳镇、海渎、城隍、土地、八蜡等神）、鬼神（如祖先、历代圣贤、英雄人物）。我国祭坛分布最广的地方是北京。北京最早的坛建于公元前11世纪，春秋时期燕国君主于蓟城建造元英、历室。东晋永和年间建燕太庙。隋大业七年（611年）隋炀帝筑社坛、稷坛。金代世宗时，于南郊北京建圜丘，北郊建方丘。元代于皇城之左建太庙，于皇城之右建社稷坛。明代太庙、社稷坛均坐落于皇城之南，天地坛（天坛）位于正阳门外东南，山川坛（先农坛）位于正阳门外西南。北京著名的坛有天坛、先农坛、社稷坛、地坛、日坛、月坛、祈谷坛、先蚕坛。

先农坛与社稷坛

　　北京先农坛始建于永乐十八年（1420年），现在的规模形成于明嘉靖年间。先农坛包括太岁坛、观耕台、庆成宫、神仓、神祇坛等建筑。先农神坛在先农坛内西北隅，坐北朝南，是一座砖石结构的方形平台，周长60米，高1.5米，祭祀先农的礼仪就在这里举行。坛北为正殿，殿内供奉先农神位，东西两侧为神库和神厨。先农坛的东南有一座观耕台，每年农历三月上亥日，皇帝到这里亲耕，行籍田礼。先农神坛的东北是太岁坛，又叫太岁殿，以祭祀太岁神，太岁神是值年神。太岁殿的正南是神祇坛，包括天神坛、地祇坛，天神坛在东，坐北朝南，奉祀风、云、雨、雷四神；地祇坛在西，坐南朝北，奉祀五岳、五镇、五山、四海、四渎之神。天神坛、地祇坛，共祈风调雨顺，国泰民安。

　　社稷坛坐落在天安门右侧的中山公园内，是明清两代皇帝祭祀土地和五谷神的地方。与东边的太庙一左一右，体现了"左祖

社稷坛

右社"的都城设计原则。社稷坛平面呈南北稍长的不规则长方形，祭坛是园区的中心建筑，位于园中心偏北，用汉白玉石砌成，正方形三层平台，总高1米。坛的最上层铺垫五色土：东为青色土，南为红色土，西为白色土，北为黑色土，中为黄色土，象征金木水火土五行，寓含全国疆土。祭坛正中是一块1.5米高、0.6米见方的石社柱，一半埋在土中，每当祭礼结束后全部埋在土中，上边加上木盖。祭坛四周矮墙环护，墙上青红白黑四色琉璃瓦按东南西北的方向排列，每面墙上正中有座汉白玉棂星门。每年春秋季时，皇帝都要亲自来此祭社稷神。

中国古代建筑中的塔

塔是中国古代建筑中数量极大、形式最为多样的一种建筑类型，我国现存塔2000多座。塔是供奉或收藏佛舍利（佛骨）、佛像、佛经、僧人遗体等的高耸型点式建筑，又称"佛塔""宝塔"。塔起源于印度，在佛教里又称为"佛图""浮屠""浮图"等。塔一般由地宫、塔基、塔身、塔顶、塔刹组成。其中，地宫藏有舍利，位于塔基正中地面以下。塔基包括基台和基座。塔刹在塔顶之上，通常由须弥座、仰莲、覆钵、相轮、宝珠组成；也有在相轮之上加宝盖、圆光、仰月和宝珠的塔刹。

塔按性质分，可分为供膜拜的藏佛物的佛塔和高僧墓塔；按所用材料，分为木塔、砖塔、石塔、金属塔、陶塔；按结构和造型，分为楼阁式塔、密檐塔、单层塔、剌嘛塔和其他特殊形制的塔。其中，楼阁式塔著名的有西安慈恩寺塔、兴教寺玄奘塔、苏州云岩寺塔等；密檐塔著名的有登封嵩岳寺塔、西安

荐福寺塔、大理崇圣寺千寻塔等；单层塔著名的有历城神通寺四门塔、北京云居寺石塔群、登封会善寺净藏禅师塔等；剌嘛塔塔身涂白色，俗称"白塔"，著名的有北京妙应寺白塔、山西五台县塔院寺白塔等；金刚宝座塔著名的有北京正觉寺金刚宝座塔。下面介绍一下西安慈恩寺塔、大理崇圣寺千寻塔、北京妙应寺白塔。

西安慈恩寺塔，俗称大雁塔，位于西安城南4千米处的慈恩寺内。建于武周长安年间（701—704年），唐永徽三年（652年），由玄奘在寺内西院建塔以储藏经像。初建时为砖表土心5层方塔，武则天长安年间重建为10层，唐长兴年间（930—933年）修缮留存至今。大雁塔为方形，7层，总高59.05米，包括基座总高63.25米。塔的形制为模仿木构的砖塔，塔内有木楼梯通向顶层，层间的楼板、梁、地面枋都是木

制。各层四面开砖券拱门，可凭栏远眺。外壁各层均用青砖砌出仿木构的柱、阑额、斗栱等。塔顶为宝瓶、葫芦。塔底层四面券门有青石做成的门楣、门框和门墩。塔底层西面石门楣上有唐代线刻佛殿图，底层南门两侧镶有两块唐碑，刊有唐太宗撰《大唐三藏圣教序》和唐高宗撰《大唐三藏圣教寺记》，为书法家褚遂良所书，极为珍贵。

崇圣寺位于大理古城西北1.5千米处，是南诏、大理国的皇家寺院。崇圣寺始建于唐代开元年间，在宋代大理国时期扩展为890间屋子、11400尊佛像、三阁、七楼、九殿及百厦，被称为"佛都"。大理国22代国王中，先后有9位到崇

崇圣寺

圣寺出家为僧。崇圣寺曾有五大重器，即三塔、南诏钟（铸于南诏建极十二年，即871年）、雨铜观音铜像、元代高僧圆护大师书写的"证道歌碑"及"佛都匾"、明代的"三圣金像"。崇圣寺于清军围剿杜文秀时被毁。崇圣寺三塔矗立于崇圣寺大门前，主塔为千寻塔，全名"法界通灵明道乘塔"，建于南诏蒙劝丰佑时期（823—859年），即唐长庆四年到开成四年，高69米，为十六级方形密檐式空心砖塔。塔台基石砌照壁上，嵌有明代万历年间黔国公沐英之孙沐世阶书写的"永镇山川"四字。千寻塔西有南北两座小塔，建于大理国时期，高约42米，为十级八角形密檐式空心砖塔。

北京妙应寺白塔位于北京西城区，始建于至元九年（1272年），原是元大都圣寿万安寺中的佛塔。该寺于至元二十五年（1288年）竣工，寺内佛像、窗、壁都以黄金装饰，元世祖忽必烈及太子真金的遗像也在寺内神御殿供奉祭祀。至正二十八年（1368年）毁于火，而白塔得以保存。明代重建庙宇，改称妙应寺。妙应寺白塔为藏式佛塔，砖石结构，由尼泊尔人阿尼哥设计建造。白塔用砖砌成，外抹白灰，总高约51米，由塔基、塔身、相轮、伞盖、宝瓶等组成。塔基平面呈正方四边再外凸的形状，由上下两层须弥座相叠而成，塔基上有一圈硕大的莲瓣承托着向下略收的塔身，再上为十三重相轮，称"十三天"，象征佛教十三重天界。塔顶以伞盖和宝瓶作结束，伞盖四周缀以流苏与风铎，使塔体显得更加富于美感。

北京天坛

天坛位于北京永定门东侧，始建于永乐四年（1406年），初名天地坛，合祭天地。嘉靖九年（1530年）实行天地分祭，在北郊另建地坛祭地，于是将其改名"天坛"。天坛是现今我国保存下来的最完整的一组封建王朝建筑群，代表了中国古代建筑的最高成就。天坛建筑分为三组，以祈年殿为中心是一组，以圆丘坛为中心是一组，以斋宫为中心为一组。三组建筑呈"品"字形排列。天坛北沿为圆弧形，南沿与东、西墙成方形，北圆南方，象征"天圆地方"。祁年殿立于圆形基座之上，围墙方形，也是"天圆地方"思想的体现。祁年殿内的大柱也是按天象

所建，中央的四根龙井柱代表春夏秋冬四季，中间12根楠木柱代表一年12个月，外围的12根檐柱代表一天的12个时辰，而中外两层柱子，加起来共24根，象征一年24个节气，三层相加共28根柱子，表示周天的28星宿，再加上柱顶的八根童柱象征36天罡。

我国古代把九称为最高的天数，用来表示天的至高至大。因而作为祭天的圆丘坛，坛上的石板、石栏以及台阶都与"九"密切相关。坛的每一层除4个出入口

天 坛

外，周围都有石栏板环绕，上层72块，中层108块，下层180块，这三个数都是九的倍数，相加共360块，象征周天360度。从坛中心的天心石向外三层台面，每层铺设九圈扇形石板，上层第一圈9块，二圈18块，三圈27块，到第九圈为81块，中层从第10圈到第18圈，下层从第19圈到第27圈，一共387个9，共计3402块石板。坛面的直径也是如此，上层直径9丈，中层直径15丈，下层直径21丈，三层和起来共45丈，不仅是9的倍数，而且象征"九五之尊"。总之，天坛的建筑多姿多彩，亭坛殿宇、雕梁画栋、红墙碧瓦、翠柏苍松，相应成趣。

中国古代建筑中的影壁

影壁，又称照壁、照墙，是建在院落的大门内或大门外，与大门相对作屏障用的墙壁。在建筑功能上，影壁能在大门内或大门外形成一个与街巷既连通又相隔的过渡空间。明清时代影壁从形式上分为一字形、八字形。另外，宫殿、寺庙的影壁多用琉璃镶砌。明清宫殿、寺庙、衙署和第宅，均有影壁，著名的山西大同九龙壁就是明太祖朱元璋之子朱桂的代王府前的琉璃影壁。而农村住宅影壁还有用夯土或土坯砌筑的，上加瓦顶。如今影壁这种建筑目前多存在于北京等地，比如北京大型住宅大门外两侧多用八字墙，与街对面的八字形影壁相对，在门前形成一个略宽于街道的空间；而门内用一字形影壁，与左右的墙和屏门组成一方形小院，成为从街巷进入住宅的两个过渡。而在我国南方，住宅影壁多建在门外。北京著名的影壁有北海九龙壁和紫禁城宁寿门前的九龙壁。下面我们就来介绍山西大同九龙壁与北京北海九龙壁。

大同九龙壁位于大同市区东街

路南，建于明代洪武末年，是明太祖朱元璋第十三代王朱桂府前的照壁。大同九龙壁为坐南朝北的单面五彩琉璃照壁，长45.50米，高8米，厚2.09米，全部使用黄、绿、蓝、紫、黑、白等色琉璃构件拼砌而成。壁体的底部为须弥座，中部为壁身，上部为壁顶。东西两端分别是旭日东升和明月当空的图案，衬有江崖海水，流云纹饰。须弥座的第一层是麒麟、狮、虎、鹿、飞马等，第二层是小型行龙。须弥座上平托九龙琉璃壁身，壁身之上有仿木结构的琉璃斗拱六十二组，承托琉璃瓦壁顶。壁顶为单檐五脊，正脊两侧是高浮雕的多层花瓣的花朵以及游龙等，脊顶有饕兽、脊兽、龙兽，两端是龙吻。整个壁身，下部以青绿色的汹涌波涛、上部以蓝色的云雾和黄色的流云为衬底。九条龙之间采用云雾、流云、波涛和山崖

相隔与相联。正中心是坐龙，为正黄色。此龙正对着王府的中轴线，昂首向前，注视着代王府的端礼门。中心

大同九龙壁

龙两侧的第一对龙，是两条飞行中的龙，为淡黄色，龙头向东，龙尾伸向中心龙。第二对龙为中黄色，头尾均向西。第三对龙为紫色，其神情凶猛暴怒。第四对龙呈黄绿色，气宇轩昂。在壁前则建有一长34.9米，宽4.38米，深约0.8米的倒影池，由石柱围绕，中有一桥相贯。

北海九龙壁面阔25.86米，高6.65米，厚1.42米，壁上嵌有山石、海水、流云、日出和明月图案，底

座为青白玉石台基，上有绿琉璃须弥座，壁面前后各有9条蚊龙浮雕。壁东面为江崖海水、旭日东升流云纹饰，西面为江崖海水、明月当空流云图像。壁顶为琉璃筒瓦大脊庑殿顶，大脊上饰黄琉璃流云飞龙纹。九龙壁顶呈"庑殿式"，有一条正脊，四条垂脊，正脊前后各有9条龙，垂脊左右各有一条龙，正脊两侧有两只吞脊兽，它的身上前后各有一条龙。另外每块瓦当下面镶嵌的琉璃砖上也各有一条龙。全壁共有635条龙。北海九龙壁的基座雕有两层琉璃兽，一层是麒麟、狮子、鹿、马、羊、狗、兔，一层是小型行龙。中部为九龙壁的壁身主体，高3.72米，拼砌成九条飞龙。主龙为正黄色，主龙左右的两条龙为浅黄色，龙头朝东，龙尾回甩向中心龙。依次对称的两条龙龙头向西，呈淡黄色。再其后是两条宝蓝色巨龙，最外边的两条龙呈黄绿色。九龙之间的背景是水草山石图案，姿态优美动人。

北京地坛

　　地坛坐落在北京安定门外，是明清两代皇帝祭祀皇地祇的所在，初称方泽坛。嘉靖十三年（1534年），改称地坛。地坛分内坛、外坛，以祭祀为中心，周围建有皇祇室、斋宫、神库、神厨、宰牲亭、钟楼。举行祭地大典的方泽坛平面为正方形，上层高1.28米，边长20.5米，下层高1.25米，边长35米。在古代，"天圆地方"的观念源远流长，因此地坛建筑最突出的一点，即是以象征大地的正方形为母题而重复运用。从地坛平面的构成到墙圈、拜台的建造，均是方向不同的正方形。

　　另外按照古代天阳地阴的说法，方泽坛坛面的石块均为阴数（即

双数），如中心是36块，纵横各6块；围绕中心点，上台砌有8圈石块，最内者36块，最外者92块，每圈递增8块；下台同样砌有8圈石块，最内者200块，最外者156块，每圈递增8块；上层共有548个石块，下层共有1024块，两层平台用8级台阶相连。中国建筑历来重视地面的铺作和道路、台阶的距离远近曲直，方泽坛的空间和距离，从一门到二门，二门到台阶前都是32步左右，两层平台都是8级台阶，上二层平台是32步左右。在色彩方面，方泽坛用了黄、红、灰、白四种颜色。

中国古代建筑中的坊表

坊表是古代具有表彰、纪念、导向、标志作用的建筑物，包括牌坊、华表。其中牌坊，又称牌楼，是一种只有单排立柱，起划分或控制空间作用的建筑。单排立柱上加额枋等构件而不加屋顶的，称为牌坊；上加屋顶的，称为牌楼，俗称"楼"；立柱上端高出屋顶的，称为"冲天牌楼"。一般说来，牌楼多建在离宫、苑囿、寺观、陵墓等大型建筑组群的入口处。而冲天牌楼多建在城镇街衢的冲要处，如大路起点、十字路口、桥的两端、商店的门面。我国南方比如安徽南部的城镇中会建有跨街的牌坊，目的是为了"旌表功名""表彰节孝"。而建在山林风景区山道上的牌坊，既是寺观景观的前奏，又是山路进程的标志。而华表为成对的立柱，起标志、纪念性作用，汉代称桓表。元代以前，华表主要为木制，上插十字形木板，顶上立白鹤，多设于路口、桥头、衙署前。明代以后华表多为石制，下有须弥座，石柱上端用一雕云纹石板，称云板；柱顶上原立鹤改用蹲兽，俗称"朝天吼"。明清时的华表主要立在宫殿、陵墓前，个别立在桥

西递牌坊

头。北京著名的华表有北京天安门华表、十三陵碑亭华表。

具体地说，牌坊，原名"衡门"，是种由两根柱子架一根横梁构成的最简单最原始的门。"衡门"最迟在春秋中叶就已出现。从春秋战国至唐代，我国城市居民区采用里坊制，"坊"与"坊"之间有墙相隔，坊墙中央设有门，称为坊门。这种坊门由两根立柱架一根横木构成，只是柱侧安装了可开合的门扇。有些宫观寺庙会以牌坊作为山门，还有的用来标明地名。后来衡门演变为牌楼，为门洞式纪念性建筑物，又叫牌坊。坊由棂星门衍变而来，开始时用于祭天、祀孔。牌坊脱胎于汉阙，成熟于唐、

宋，至明、清达到鼎盛，衍化为一种纪念碑式的建筑，广泛建筑于旌表功德、标榜荣耀，多设置于郊坛、孔庙、宫殿、庙宇、陵墓、衙署、园林之前，以及主要街道的起点、交叉口、桥梁等处。牌坊也是祠堂的附属建筑物，昭示家族先人的高尚美德和丰功伟绩。

牌坊就建造意图可分为四类：一是功德牌坊，即为某人记功记德；二是贞洁道德牌坊，是为了表彰节妇烈女；三是标志科举成就，为了光宗耀祖；四是标志坊，多立于村镇入口与街上。牌楼的形式分为"冲天式"（也叫柱出头式，间柱高出明楼楼顶）、"不出头"式。按建筑材料则分为木牌楼、琉璃牌楼、石牌楼、水泥牌楼、彩牌楼（多建于庙市、集市的入口处）。我国著名牌楼聚集地有老北京牌楼、澳门大三巴牌坊、古徽州牌坊。尤其是在皖南徽州，牌坊是与民居、祠堂并列的"三绝"，成为徽州的标志。古徽州享有"礼

仪之邦"美誉，被誉为"牌坊之乡"。古徽州牌坊是为了旌表德行，流芳百世而建造的。

华表，又称神道柱、石望柱、表、标、碣，是古代宫殿、陵墓等大型建筑物前做装饰用的巨大石柱，已成为中国的象征之一。华表有着悠久的历史，既有道路标志的作用，又有过路行人留言的作用，在尧舜时代就已出现。那时的人们在交通要道设立一个木柱，作为识别道路的标志，后来的邮亭、传舍也用它作标识，于是叫作"桓木""表木"，因古代的"桓"与"华"音相近，所以慢慢读成"华表"。另外在"华表"上，行人可以在上面刻写意见，因此又叫"谤木""诽谤木"。还有人认为，

华　表

华表原是古代观天测地的一种仪器，春秋战国时期有一种观察天文的仪器为表，人们立木为竿，以日影长度测定方位、节气，并以此来测恒星，可观测恒星年的周期。为了坚固起见，常改立木柱为石柱。

华表一般由底座、蟠龙柱、承露盘和其上的蹲兽组成。柱身多雕刻龙凤图案，上部横插着雕花的石板。华表的基座称为须弥座，在基座外添加一圈石栏杆，栏杆的四角石柱上各有一只小石狮，头的朝向与上面的石犼相同。天安门前的华表上都有一个蹲兽，头向宫外；天安门后的华表，蹲兽的头则朝向宫内。传说，这蹲兽名叫犼，性好望。兽头向内，是希望帝王不要成天呆在宫内吃喝玩乐，希望他经常出去看望臣民，所以名叫"望帝出"（望君出）；犼头向外，是希望皇帝不要迷恋游山玩水，快回到皇宫来处理朝政，所以名叫"望帝归"（望君归）。因此，华表也是提醒古代帝王勤政为民的标志。

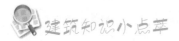
建筑知识小点萃

日坛与月坛

　　日坛坐落在北京朝阳门外东南日坛路东，又叫朝日坛，是明清两代皇帝在春分祭祀大明神（即太阳）的地方。古代帝王的祭日场所多设在京郊。北京在元朝时就建有日坛，现在北京的日坛建于明嘉靖九年（1530年）。每次祭祀之前皇帝要来到北坛门内的具服殿休息，然后更衣到朝日坛行祭礼。朝日坛坐东朝西，是因为太阳从东方升起，人要站在西方向东方行礼的缘故。坛为圆形，坛台1层，直径33.3米，周围砌有矮形围墙，西边为正门，有3座棂星门。墙内正中用白石砌成一座方台，叫拜神坛，高1.89米，周围64米。坛面用红色琉璃砖砌成，以象征太阳。

　　月坛坐落在北京西城区月坛北街路南，又叫夕月坛，是明清两代皇帝祭祀夜明神（月亮）和天上星宿神的场所，建于明嘉靖九年（1530年）。月坛坐西朝东，祭坛为中心建筑，坛台一层，全部用白石砌成，高1.5米，周长56米。祭坛四周有矮墙环护，西、北、南各有棂星门1座，东边为

日坛

正门，有3座棂星门。每年秋分都要在这举行祭月典礼，凡丑、辰、未、戌年份，皇帝要亲自参加祭礼，其他年份由大臣代祭。月坛设有神库、神厨、宰牲亭、具服殿、钟楼、燎炉、祭器库、乐器库等附属建筑。

第三章

中国古代的典型建筑

中外**建筑**大全

  中国建筑具有悠久的历史和光辉成就。自先秦至19世纪中叶以前，中国古代建筑基本上是一个封闭的独立的体系，2000多年间风格变化不大，通称为中国古代建筑艺术。19世纪中叶以后，随着社会性质的改变，外国建筑特别是西方建筑的大量输入，中国古代建筑与世界建筑有了较多的接触和交流，建筑风格发生了急剧变化，通称为中国近现代建筑艺术。中国古代建筑艺术以汉族木结构建筑为主体，包括各少数民族的优秀建筑，是世界上延续历史最长、分布地域最广、风格非常显明的一个独特的艺术体系。中国古代建筑对于日本、朝鲜和越南的古代建筑有直接影响，17世纪以后，也对欧洲产生过影响。和欧洲古代建筑艺术比较，中国古代建筑艺术有三个最基本的特征：一是注重审美性与政治伦理性的统一；二是具有鲜明的人文主义味道，是中国传统文化的集中展现；其三是在多样变化中注重综合性的整体空间意象。中国古代建筑吸收了绘画、雕刻、工艺美术等造型艺术的特点，创造了丰富多彩的艺术形象，形成"室内空间灵活多变""色彩绚丽夸张""空间序列铺陈舒展""曲线屋顶形象突出""单体造型规格定型""时代风格变化迅速"等诸多特色。

  本章我们就来说一说中国古代建筑的艺术特点以及诸如皇家宫殿、寺庙建筑、皇家陵墓、宅居厅室、园林建筑等典型建筑。

中国古代建筑的艺术特点

中国古代建筑艺术的特征具体表现在"重视环境整体经营""单体形象融于群体序列""构造技术与艺术形象统一""注重运用形式美法则"等方面。下面我们就来简单扼要地说一说中国古代建筑艺术的四方面特征。

◆ **重视环境整体经营**

从春秋战国开始，中国就有了建筑环境整体经营的观念。《周礼》中关于野、都、鄙、乡、闾、里、邑、丘、甸等的规划制度，虽然未必全都成为事实，但至少说明当时已有了系统规划的大区域规划构思。

《管子·乘马》主张，"凡立国都，非于大山之下，必于广川之上"，说明城市选址必须考虑环境关系。中国的堪舆学说起源很早，除去迷信的外衣，绝大多数是讲求环境与建筑的关系。古代城市都注重将城市本体与周围环境统一经营。诸如秦咸阳，后世的长安（西安）、北魏洛阳、建

邑郊园林

康（南京）、明清北京等著名都城，其经营范围也都远远超过城墙以内；即使一般的府、州、县城，也将郊区包容在城市的整体环境中统一布局。重要的风景名胜，如五岳五镇、佛道名山、邑郊园林等，也都把环境经营放在首位。帝王陵区，更是注重风水地理，这些地方的建筑大多是靠环境来显示其艺术的魅力。

◆ 单体形象融于群体序列

中国古代的单体建筑形式比较简单，大部分是定型化的式样，孤立的单体建筑不构成完整的艺术形象，建筑的艺术效果主要依靠群体序列来取得。一座殿宇，在序列中作为陪衬时，形体不会太大，形象也可能比较平淡，但若作为主体，则可能很高大。例如，明清北京宫殿中单体建筑的式样并不多，但是，通过不同的空间序列转换，各个单体建筑才显示了自身在整体中的独立性格。

◆ 构造技术与艺术形象统一

中国古代建筑的木结构体系适应性很强。这个体系以四柱二梁二枋构成一个称为间的基本框架，间可以左右相连，也可以前后相接，又可以上下相叠，还可以错落组合，或加以变通而成八角、六角、圆形、扇形或其他形状。屋顶构架有抬梁式和穿斗式两种，无论哪一种，都可以不改变构架体系而将屋面作出曲线，并在屋角作出翘角飞檐，还可以作出重檐、勾连、穿插、披搭等式样。单体建筑的艺术造型，主要依靠间的灵活搭配和式样众多的曲线屋顶表现出来。此外，木结构的构件便于雕刻彩绘，以增强建筑的艺术表现力。因此，中国古代建筑的造型美，在很大程度上也表现为结构美。

◆ 形式美法则的运用

中国古代建筑是一种很成熟的艺术体系，因此也有一整套成熟的形式美法则，其中包括有视觉心理要求的一般法则，也有民族审美心

理要求的特殊法则。从现象上看，大体上有以下四个方面：一是注重对称与均衡。环境和大组群（如宫城、名胜风景等），多为立轴型的多向均衡；一般组群多为镜面型的纵轴对称；园林则两者结合。二是注重序列与节奏。凡是构成序列转换的一般法则，如起承转合，通达屏障，抑扬顿挫，虚实相间等，都有所使用。节奏则单座建筑规则划一，群体变化幅度较大。三是注重对比与微差。很重视造型中的对比关系，形、色、质都有对比，但对比寓于统一。同时也很重视造型中的微差变化，如屋项的曲线，屋身的侧脚、生起，构件端部的砍削，彩画的退晕等，都有符合视觉心理的细微差别。四是注重比例与尺度。模数化的程度很高，形式美的比例关系也很成熟，无论城市构图，组群序列，单体建筑，以至某一构件和花饰，都力图取得整齐统一的比例数字。比例又与尺度相结合，规定出若干具体的尺寸，保证建筑形式的各部分和谐有致，符合正常人的审美心理。

中国古代的皇家宫殿

宫殿代表了中国古代建筑的最高成就。皇家宫殿是中国古代建筑艺术的精华，是皇帝行使权力和起居的地方。在中国古代建筑中，宫殿建筑是最华美、最奢侈、最气派的。古代帝王的威仪，通过宫殿巍峨壮丽的气势、宏大雄伟的规模，得以充分体现。夏、商王朝时期的河南偃师二里头村宫殿遗址是中国最早的宫殿建筑，后世著名的皇家宫殿有汉代长乐宫、未央宫、建章宫，唐代大明宫、太极宫、兴庆宫。现存最完好、规模最大、最具代表性的宫殿建筑群是北京故宫

（紫禁城）。紫禁城在世界建筑史上别具一格，是中国古典风格建筑物的典范和规模最大的皇宫。紫禁城虽然是封建专制皇权的象征，但它映射出了中国历史悠久的古代文明的光辉。

北京故宫，又名北京紫禁城，是明清皇宫。北京故宫是明代皇帝朱棣沿用元朝大内宫殿旧址而稍向南移，并以南京宫殿为蓝本，耗时13年（1407—1420年）建成的。故宫平面呈长方形，南北长961米，东西宽753米，占地面积72万多平方米。宫内有各类殿宇9000余间，都是木结构、黄琉璃瓦顶、青白石底座，并饰以金碧辉煌的彩画，建筑总面积15万平方米。环绕紫禁城的城墙高约10米，上部外侧筑雉堞，内侧砌宇墙；紫禁城外还有一条长3800米的护城河，从而构成完整的防卫系统。故宫有四门，南有午门（是故宫正门）、北有神武门（玄武门）、东为东华门、西为西华门，城墙四角还耸立着4座角楼。

故宫在布局上贯穿南北中轴线，建筑大体分为南北两大部分，南为工作区（即前朝，也称外朝），北为生活区（即后寝，也称

故　宫

内廷）。前朝是皇帝办理朝政大事、举行重大庆典的地方，以皇极殿（太和殿、金銮殿）、中极殿（中和殿）、建极殿（保和殿）三大殿为中心，东西以文华殿、武英殿为两翼。其中太和殿是宫城中等级最高的建筑，诸如皇帝登基、大婚、册封、命将、出征等都在这里举行盛大仪式或庆典。故宫内廷以乾清宫（皇帝卧室）、交泰殿、坤宁宫为中心，东西两翼有东六宫、西六宫（均为皇妃宫室，就是人们常说的三宫六院）。内廷是皇帝平日处理日常政务及皇室居住、礼佛、读书、游玩的地方。坤宁宫后的御花园，是帝后游赏之处，园内有亭阁、假山、花坛、钦安殿、养性斋。御花园往北为玄武门（神武门），是故宫的北门。总之，故宫前朝后寝的所有建筑都沿南北中轴线排列，并向两旁展开，布局严整，东西对称，这一切都是为了突显至高无上的皇权。

中国古代的寺庙建筑

寺庙是中国佛教建筑之一，源于印度，从北魏开始在中国兴盛起来。寺庙建筑在南北朝时代大规模兴建，据《洛阳伽蓝记》记载，当时的北魏首都洛阳有一千多座寺庙。而且唐朝诗人杜牧曾在诗中说道："南朝四百八十寺，多少楼台烟雨中"，显示出当时寺庙建筑的盛况。中国古代寺庙建筑布局十分工整，大多是正面中路为山门，山门内左右分别为钟楼、鼓楼，正面是天王殿，殿内有四大金刚塑像，后面依次为大雄宝殿、藏经楼，僧房、斋堂分列正中路左右两侧。大雄宝殿是佛寺中最重要、最庞大的建筑。隋唐以前的佛寺，一般在寺前或宅院中心造塔；隋唐以后，佛殿普遍代替了佛塔，而另辟塔院。

中国佛寺的建筑布局有一定的规律。其平面一般是方形，而且以"山门殿、天王殿、大雄宝殿、本寺主供菩萨殿、法堂、藏经楼"这样的一条南北纵深轴线来组织空间，而且追求左右对称。沿着这条中轴线，前后建筑起承转合、前呼后应。另外，中国寺庙建筑还追求与群山、松柏、流水、殿落、亭廊之间的和谐，追求一种佛家世外的超远境界。而且中国古典园林艺术对于寺庙建筑格局也有影响，从而

使得中国寺院既典雅庄重又极富自然情趣，意境深远。总之，中国古代的寺庙建筑记载了中国封建社会文化的发展和宗教的兴衰，具有重要的历史和艺术价值。下面我们就来介绍下中国佛寺建筑中的洛阳白马寺、恒山悬空寺、大同华严寺。

白马寺位于河南洛阳城东10千米处，古称金刚崖寺，号称中国第一古刹，是佛教传入中国后第一所官办寺院。建于东汉明帝永平11年（68年），原建筑规模极为雄伟，但因屡经战乱，数度兴衰，古建筑所剩无几。现白马寺坐北朝南，是一座长方形院落，占地约4万平方米，有五重大殿、四大院以及东西厢房。白马寺前为山门，山门是并排三座拱门，代表三解脱门，佛教称之为涅盘门。山门外，一对石狮和一对石马，分立左右；山

白马寺

门内东西两侧有摄摩腾、竺法兰二僧墓。五重大殿由南向北依次为天王殿、大佛殿、大雄殿、接引殿和毗卢殿。天王殿正中置木雕佛龛，龛顶和四周有50多条姿态各异的贴金雕龙。龛内供置弥勒佛，即欢喜佛。殿内两侧坐着威风凛凛的四大天王，是佛门的守护神。毗卢殿在清凉台上，清凉台为摄摩腾、竺法兰翻译佛经处。各殿内的佛像多是元代用干漆制成。东西厢房左右对称。此外还有碑刻40多方。白马寺大门东走约300多米，有十三层的齐云塔，始建于五代，原为木塔，北宋末年金兵入侵时烧毁，金朝大定年间重建。

恒山悬空寺位于山西浑源县，距大同65千米，是国内仅存的佛道儒三教合一的寺庙，有佛像八十多尊。悬空寺始建于1400多年前的北魏后期。恒山悬空寺距地面高约50米，其建筑特色可概括为"奇、悬、巧"。"奇"的是，悬空寺处于深山峡谷的一个小盆地内，全身悬挂于石崖中间；"悬"的是，全寺共有殿阁40间，表面看上去支撑它们的是十几根碗口粗的木柱，其实真正的重心撑在坚硬岩石里；"巧"的是，建寺时因地制宜，充分利用了峭壁的自然状态布置和建造寺庙各部分建筑，设计非常精巧。

华严寺位于山西大同市，辽末毁于兵火。金天眷三年（1140年）在原址重建。明中叶以后寺分上下，各有山门，自成体系。华严寺主要殿宇皆东向，这与契丹族崇日的习俗有关。现寺内保存价值最高的是上寺的大雄宝殿和下寺的薄伽教藏殿。大雄宝殿是上寺的主体建筑，建造在高台之上，面阔九间，进深五间，单檐筒瓦庑殿顶，黄绿色琉璃剪边；正脊两端的鸱吻高达4.5米，是金代遗物。大殿平面采用减柱法，节省内柱12根，扩大了室内空间；殿内除梁外还用四道柱头枋绕周交结成框架，大大增强了建筑物的刚度。殿内中央供五方大佛和二十诸天等明代塑像，四壁满绘壁画，为清光绪年间重绘。

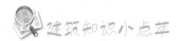
建筑知识小点萃

北京真觉寺

　　真觉寺坐落在北京西直门外，始建于明成化九年（1473年）。清乾隆二十六年（1761年）大修，为避雍正帝胤禛讳，更名大正觉寺。因寺内建有五塔，故俗称五塔寺。明永乐年间，印度僧人班迪达来到北京，献上金

真觉寺

佛5尊和印度式"佛陀迦耶塔"图样。于是，永乐帝下旨建寺造塔。真觉寺的金刚宝座塔由宝座、石塔两部分组成。宝座为7.7米的高台，是砖和汉白玉砌成，分6层。最下一层为须弥座，其上5层，每层是一排佛龛，每个佛龛内刻佛坐像一尊。宝座顶上平台，分列方形密檐式石塔5座。中央大塔13层，高约8米，象征毗卢遮那佛；四角小塔各11层，高约7米许，东塔象征阿轻佛，南塔象征宝生佛，西塔象征阿弥陀佛，北塔象征不空成就佛。5塔所象征的佛，称五方佛。各塔均由上千块石块拼装而成。宝座南北正中辟券门，塔内有石阶44级，盘旋而上，通向宝座上层平台。台上还盖有下方上圆琉璃罩。塔座和塔身遍刻佛像、梵文和宗教装饰。中央大塔刻一双佛足迹，意为"佛迹遍天下"。

中国古代的民居建筑

中国民居有许多种，建筑学家刘敦桢先生在《中国住宅概说》中，按平面形式把民居分为九种。其中横长方形住宅是民居的基本形式，中间为明间，左右对称，以三间最普遍。四合院住宅，以北京最为典型；窑洞式穴居，分布在黄土高原地区，分为单独的沿崖窑洞、土坯或砖石的拱式土窑洞，以及天井地坑院落式窑洞。中国传统民居有着明确的流线，完整的格局，明显的主体建筑，建筑组合渐进的层次。中国民居的三合院、四合院形式，正是以庭院为公共中心的向内的家庭组合体，建筑的组成有严谨方整的格局。如河北民居，正房和堂屋在全组院落中体量中最大；福建土楼，主体建筑非常突出。

主体建筑在城市中控制着道路网和其他从属建筑，因而居民都希望自己居住的街坊有个明显的标志，就形成了村镇、建筑群或家庭住宅中的核心部分。如中国传统村镇中的佛塔、庙宇、戏台、住宅中

北京四合院

的起居室或堂屋。这些均要精心选择建筑组合中、人们生活或活动的中心部分作为主体建筑，把它布置在最重要的轴线部分，安排高大的房顶，显眼的外行体量。另外，中国传统民居注重街、坊、院落间的划分与联系，可以用回廊、小路、小桥、花架、围墙等互相联结。最后就是中国传统民居会按人们的亲疏关系来布置宅院。

中国各地的民居建筑是最基本的建筑类型，以院落式为共同点，可归纳为如下几类：一是木构架庭院式住宅，该种住宅是中国传统住宅的最主要形式，这种住宅以木构架房屋为主，在南北向的主轴线上建正厅或正房，正房前面左右建东西厢房。长辈住正房，晚辈住厢房，妇女住内院，来客和男仆住外院；二是四水归堂式住宅。平面布局同北方的四合院，只是院子较小，称为天井。这种住宅第一进院，正房常为大厅，厅多敞口，与天井内外连通。后面几进院的房子多为楼房，天井更深更小。屋顶铺小青瓦，室内多以石板铺地；三是大土楼。土楼是福建西部客家人聚族而居的围成环形的楼房。一般为 3 ~ 4 层，最高为6层。庭院中有厅堂、仓库、畜舍、水井等公用房屋，防卫性很强；四是窑洞式住宅。窑洞式住宅主要分布在河南、山西、陕西、甘肃、青海，是利用黄土壁立不倒的特性，水平挖出拱形窑洞，冬暖夏凉；五是干阑式住宅。该种形式的住宅主要分布在云南、贵州、广东、广西，为傣族、景颇族、壮族的住宅形式。干阑式住宅是用竹、木等构成的楼，单栋独立；底层架空，用来饲养牲畜或存放东西，上层住人；六是碉房。碉房是青藏高原的住宅形式，一般为2 ~ 3层，底层养牲畜，楼上住人；七是蒙古包。蒙古包是用木枝条编成可开可合的木栅做壁体的骨架，用时展开，搬运时合拢。毡帐的地面铺有很厚的毡毯，顶上开天窗，地面的火塘、炉灶正对天窗；八是一颗印式住宅。该种住宅形式分布于云南、湖南，住宅布局与四合院大致相同，只是房屋转角处互相连接，组成一颗印章状，土坯墙，多绘有彩画。

下面我们来简单扼要地介绍一下中国北方民居代表——乔家大院。乔家大院位于山西祁县乔家堡村，北距太原54千米。乔家大院又名在中堂，是清代著名商业金融资本家乔致庸的宅第。素有"皇家有故宫，民宅看乔家"之说。乔家大院始建于清代乾隆年间，于民国初年建成一座宏伟的建筑群体，集中体现了我国清代北方民居的独特风格。大院为全封闭式的城堡式建筑群，建筑面积4175平方米，分6个大院，20个小院，313间房屋。大院三面临街，不与周围民居相连。外围是封闭的砖墙，高10米，上层是女墙式的垛口，还有更楼，眺阁点缀其间。大门坐西朝东，上有高大的顶楼，中间城门洞式的门道，大门对面是砖雕百寿图照壁。大门内是一条石铺的东西走向的甬道，甬道两侧靠墙有护墙围台，甬道尽头是祖先祠堂，与大门遥遥相对。北面三个大院，门外侧有栓马柱和上马石，从东往西，依次为老院、西北院、书房院。正院主人居住，偏院

乔家大院

是客房、佣人住室及灶房。乔家大院有主楼四座，门楼、更楼、眺阁六座。各院房顶有走道相通，便于夜间巡更护院。全院布局严谨，成"囍"字形。

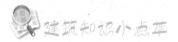
建筑知识小点萃

古代建筑精华之滕王阁

滕王阁位于江西南昌赣江岸边，初建于唐永徽四年（653年），以王勃的《滕王阁序》闻名。唐宋旧迹早已崩坍入江，今存宋画《滕王阁图》是现知最早的滕王阁图本，反映了宋阁的形象。滕王阁，立在高大城台上，为纵横两座二层楼阁丁字相交。全阁共有28个内外转角，结构精巧，造型华美。阁内各层虽硕柱林立，但空间宏敞流通，上下楼层又都有外廊，便于眺望。这种重视人与自然的融洽相亲的文化精神，使得中国的楼阁相当开敞，楼内楼外空间流通渗透，环绕各层有走廊，供人登临眺望；水平方向的层层屋檐、环绕各层的走廊和栏干，大大减弱了总体竖高体形一味向上升腾的动势，使之时时回顾大地；而凹曲的屋面、翘弯的屋角避免了造型的僵硬冷峻，优美地镶嵌在大自然中，寄寓了人对自然的无限留恋。

中国古代的陵寝墓葬

中国古代习惯用土葬，而且讲究"事死如事生"，十分重视丧藏礼仪。从考古学角度来说，新石器时代的墓葬多为长方形或方形竖穴式土坑墓，地面无标志。商代有许多巨大的墓穴，有的距地表深达10余米，并有大量奴隶殉葬、车马随葬。周代陵墓集中在陕西西安和河南洛阳附近。战国时期的陵墓开始形成巨大坟丘，而且设有固定陵区。秦代的陵寝墓葬最富有代表性的是陕西临潼的秦始皇陵。汉代帝王陵墓多于陵侧建城邑，称为陵邑。唐代是中国陵墓建筑史上的高潮，陵墓因山而筑，气势雄伟。而且在陵园内设立祭享殿堂（上宫），陵外设置斋戒、驻跸用的下宫。陵区内置陪葬墓，安葬诸王、公主、嫔妃、宰相、功臣、大将、命官。陵山前排列有石人、石兽、阙楼。北宋七代帝陵集中在河南巩

义，南宋陵寝墓葬集中于绍兴。元代帝王死后葬于漠北起辇谷，且平地埋葬，不设陵丘及地面建筑。明代是中国陵墓建筑史上的另一个高潮。明代太祖孝陵在南京，其余帝陵在北京昌平天寿山，总称明十三陵。各陵背山而建，在地面按轴线布置有宝顶、方城、明楼、石五供、棂星门、祾恩殿、祾恩门等，在整个陵区前设置有总神道，建有石象生、碑亭、大红门、石牌坊。清代的永陵在辽宁新宾，福陵、昭陵在沈阳，其余陵墓建于河北遵化和易县，分别称为清东陵和清西陵，其建筑布局、形制，因袭明陵，建筑风格更为华丽。

总的来说，中国古代的陵寝墓葬是将建筑、雕刻、绘画、自然环境融于一体的综合性艺术。其布局有三种：一是以陵山为主体的布局方式。以秦始皇陵为代表，其封

土为覆斗状，周围建城垣，气象巍峨。二是以神道贯串全局的轴线布局方式。如唐代高宗乾陵，以山峰为陵山主体，前面布置阙门、石象生、碑刻、华表等组成神道。神道前再建阙楼。三是建筑群组的布局方式。明清陵墓都选择群山环绕的封闭性环境作为陵区，将各帝陵协调地布置在一处。在神道上增设牌坊、大红门、碑亭，建筑与环境密切结合在一起。中国古代的陵寝墓葬使用木、砖、石三种材料。大型木椁墓室是商代直到西汉墓室的特点。其早期为井椁式结构，即用大木纵横交搭构成。西汉时出现用大木枋密排构成的"黄肠题凑"形式。砖筑墓室分为空心砖砌筑和型砖砌筑两类。空心砖墓室始于战国末期，型砖墓室始于西汉中期。中国古代陵寝的墓室顶部结构有几种形式，方形墓室顶部为叠涩或拱券，长方形墓室顶部为筒拱，石筑墓室多采用拱券结构。五代时期的墓室由多道半圆形拱券组成。宋陵墓室顶部为木石混合结构。明清墓室为全部用高级石料砌筑的拱券，数室相互贯通。下面我们就来介绍中国古代陵寝墓葬建筑的代表作——秦始皇陵与明十三陵。

秦始皇陵是中国历史上第一个皇帝陵园，是最大的皇帝陵。陵园仿照秦国都城咸阳的布局建造，大体呈回字形，陵墓周围筑有内外两重城垣，内城垣周长3870米，外城垣

秦始皇陵

周长6210米。陵区分陵园区、从葬区两部分，封土呈四方锥形。秦始皇陵的封土形成三级阶梯，状呈覆斗，底部近方型，底面积约25万平方米，高115米，整座陵区总面积为56.25平方千米。建筑材料是从湖北、四川等地运来的。陵园的南部有葬马坑、陶俑坑、珍禽异兽坑、人殉坑、马厩坑、刑徒坑和修陵人员的墓室。秦始皇陵共发现10座城门，南北城门与内垣南门在同一中轴线上。坟丘的北边是陵园的中心部分，东西北三面有墓道通向墓室，东西两侧还并列着4座建筑遗存。秦始皇陵集中体现了"事死如事生"的礼制。如今发现的秦始皇陵兵马俑是人类文化的宝贵财富，是20世纪中国最壮观的考古成就，充分表现了2000多年前中国人巧夺天工的艺术才能，是中华民族的骄傲和宝贵财富，是"世界第八奇迹"。

明十三陵是中国明朝皇帝的墓葬群，坐落在北京西北郊昌平境内燕山山麓的天寿山。明朝开国皇帝朱元璋死后葬于南京钟山，称"明孝陵"。建文帝因"靖难"，不知所终。第七帝朱祁钰被害死后，被英宗以"王"的身份葬于北京西郊玉泉山。这样明朝十六帝只有十三位葬在天寿山，所以称"明十三陵"。自永乐七年（1409年）五月始作长陵，到明朝崇祯葬入思陵，其间230多年，先后修建十三座皇帝陵墓、七座妃子墓、一座太监墓，埋葬了十三位皇帝、二十三位皇后、二位太子、三十余名妃嫔、一位太监。明十三陵总面积120余平方千米，是中国乃至世界现存规模最大、帝后陵寝最多的一处皇陵建筑群。明十三陵东、西、北三面环山，陵区周围群山环抱，中部为平原，陵前有小河曲折蜿蜒。十三座皇陵均依山而筑，分别建在东、西、北三面的山麓上。明十三陵的陵墓规格大同小异，每座陵墓分别建于一座山前。陵与陵之间少至500米，多至八千米。除思陵偏在西南一隅，其余均成扇面形分列于长陵左右。在中国传统风水学的指导下，十三陵从选址到规划设计，都十分注重陵寝建筑与大自然的和谐，展示了中国传统文化的丰富内涵。2003年，明十三陵被列入"世界遗产目录"。明十三陵依次是长陵（成祖）、献陵（仁宗）、景陵（宣宗）、裕陵（英宗）、茂陵（宪宗）、泰陵（孝宗）、康陵（武宗）、永陵（世宗）、昭陵（穆宗）、定陵（神宗）、庆陵（光宗）、德陵（熹宗）、思陵（思宗）。

中国古代的园林建筑

中国古代园林，或称中国传统园林或古典园林，为世界三大园林体系之最，世界园林之母。中国园林建筑可以追溯到商周时代苑、囿中的台榭。《周礼》中记载有："园圃树果瓜，时敛而收之"；《说文》中记载有："囿，养禽兽也"等等，这些古籍记载说明囿的作用主要是放牧百兽，以供狩猎游乐。商周时代是中国古典园林的初始时期。魏晋后，在自然山水园中，自然景观是主要观赏对象，因此建筑要和自然环境相协调，体现出诗情画意。同时自然环境有了建筑的装点使得整体建筑显得更加富有情趣。所

苏州古典园林

以，中国园林建筑最基本的特点就是同自然景观融洽和谐。中国最早的造园专著《园冶》对园林建筑与其他园林要素之间的关系作了精辟的论述，如专讲园林建筑的有《立基》《屋宇》《装折》《门窗》《墙垣》《铺地》。现代园林建筑越来越多地出现在公园、风景区、城市绿地、宾馆庭园、机关、工厂之中。

中国古典园林按园林基址的选择和开发方式，分为人工山水园、天然山水园。著名的山水名胜园林有杭州西湖、扬州瘦西湖、南京莫愁湖、济南大明湖、绍兴兰亭、嘉兴烟雨楼、宁波普陀山、滁州琅琊山、泰安泰山、九江庐山；按占有者身份、隶属关系，分为皇家园林、私家园林、寺观园林。著名皇家园林有北京颐和园、北京北海、北京静宜园、北京恭王府花园、北京故宫御花园、北京故宫建福宫西花园、北京中南海、北京圆明园、北京景山、北京故宫宁寿宫花园、北京故宫慈宁宫南花园、河北承德避暑山庄、江苏南京煦园、西安华清池、江苏南京瞻园、拉萨罗布林卡。著名私家园林有北京的恭王府、苏州拙政园、苏州留园、苏州网狮园、苏州狮子林、苏州沧浪亭、苏州环秀山庄、苏州耦园、苏州怡园、苏州艺圃、苏州畅园、苏州南北半园、苏州五峰园、苏州鹤园、苏州听枫园、苏州东山启园、苏州退思园、苏州曲园、苏州江同里退思园、江苏常熟赵园、江苏常熟燕园、江苏常熟曾园、江苏无锡寄畅园、江苏无锡蠡园、无锡钦使第花园、江苏扬州个园、江苏扬州何园、扬州片石山房、扬州小盘谷、常州未园、常州约园、上海豫园、青浦曲水园、上海秋霞圃、上海醉白池、上海古漪园、浙江海盐绮园、浙江绍兴沈园、广东番禺余荫山房、广东东莞可园、广东佛山梁园、广东顺德清晖园、山东潍坊十笏园、山东烟台牟氏庄园、济南万竹园、福建厦门菽庄花园、浙江杭州郭庄。著名寺观园林有北京潭柘寺、北京戒台寺、北京大觉寺、北京碧云寺、北京白云观、苏州寒山寺、苏州西园寺、杭州灵隐寺、昆明圆通寺、承德普宁寺、成都文殊院、崂山太清宫、武当山南岩宫、峨嵋山报国寺、九华山祇园寺、河北赵州柏林寺；按园林所处地理位置，分为北方园林、江南

圆明园

园林、岭南园林、巴蜀园林。北方园林多集中于北京、西安、洛阳、开封。南方园林多集中于南京、上海、无锡、苏州、杭州、扬州等地，其中以苏州为代表。岭南园林有著名的广东顺德的清晖园、东莞的可园、番禺的余荫山房等。巴蜀

园林有不少有名的楹联；依据园林建筑的功能，我国古典园林还包含陵墓园林、坛庙园林、书院园林。

中国园林素有南方风格和北方风格之分。南方园林以江南宅园为代表，北方园林以帝王宫苑为代表。北方园林建筑厚重沉稳，平面布局严整，多用色彩强烈的彩绘；南方园林建筑一般都是青瓦素墙，褐色门窗，不施彩画，玲珑清雅。在中国园林发展过程中，南北园林风格曾交流渗透。清朝康熙、乾隆使这种交流发展到一个高潮，诸如圆明园、避暑山庄、清漪园等北方园林，均出现很多模仿江南园林的景点和"园中园"。在与外国园林风格交流方面，广东的岭南庭园吸收不少外国的形式。

中国园林建筑的选址必须根据人对自然景物包括建筑在内的观察来确定，要符合自然和生活的要求。如在高崖绝壁松杉掩映处筑奇观精舍，在林壑幽绝处建山亭，在双峰夹峙处置关隘，在广阔处辟田园等。即使同一类型建筑物，也要根据环境设计成不同的风格。另外，园林建筑的位置要兼顾成景、得景两个方面。通常得景建筑多建在景界开阔和景色的最佳观赏线上；成景建筑多建在有典型景观地段且有合宜的观赏视距和角度之处。中国园林建筑还十分重视借景。中国园林建筑主要厅堂、楼阁、榭、舫、廊、亭、园墙、匾额、楹联与刻石。下面我们就来选择介绍一些富有代表性的中国古典园林。

◆ 颐和园

颐和园是清代的皇家花园和行宫，前身清漪园，颐和园是三山五园中最后兴建的一座园林，始建于1750年，1764年建成，面积290万平方米，水面约占四分之三。乾隆继位以前，在北京西郊一带，已建起了四座大型皇家园林，从海淀到香山这四座园林自成体系，相互间缺乏有机的联系，中间的"瓮山泊"成了一片空旷地带，乾隆决定在瓮山一带动用巨额银两兴建清漪园，以此为中心把两边的四个园子连成一体，形成了从现清华园到香山长达20千米的皇家园林区。清漪园1860年被焚毁1866年重建，改名颐和园。1900年，颐和园又遭八国联军严重破坏，1902年修复。

◆ 避暑山庄

避暑山庄位于河北承德市，面积560万平方米，它始建于康熙四十二年（1703年），到乾隆五十五年（1790年）方告结束，历时80余年。在避暑山庄周围的山区，建有八座寺院，作为园内的借景，它们是溥仁寺、溥善寺、普宁寺、安运庙、普陀宗乘庙、须弥福寿之庙、珠像寺、广缘寺等。避暑山庄宫殿区分为正宫和东宫，正宫从丽正门到岫云门依次为外午门、

承德避暑山庄

淑斋、横碧轩、占峰亭、清阁、小香幢、探真书屋、过河亭。湖北大片平原区，植树一片，称万树园，北部仿蒙古草原景象，建有蒙古包建筑群；西面和试马棣，为皇帝习武练功之处；东南名甫田丛樾，是皇帝躬耕之处，内有大片农田和瓜圃，是农业为本的表现。山岳区占全园三分之二，在山坡上建有寺院及庭院，极其清雅。山庄内的八所寺院称内八庙，其中七所在山岳区。

庄门、澹泊敬诚殿、四知书屋、万岁照房、烟波致爽和云山胜地等建筑。东宫南北依次为钟楼、松鹤斋、畅远楼、万鹤松风。丽正门是全庄的正门，为城楼型制，下城三门，上楼五间。避暑山庄湖洲区从东北引入武烈河之水，东南流出，一进一出，各建有水闸，成为一景。湖面被堤、桥、岛分成如意湖、澄湖、上湖、下湖、镜湖、银湖、长湖、半月湖，岛屿有8个。文园狮子林位于湖东南角，为典型园中园，四面环水，岛中凿池，建有延景楼、云林石室、纳景堂、清

◆ 拙政园

拙政园是中国园林的经典之作，是中国四大名园之一。始建于明代正德四年（1509年），为明代弘治进士、御史王献臣弃官回乡后，在唐代陆龟蒙宅地和元代大弘寺旧址处拓建而成。拙政园分东、中、西、住宅四部分。主要景点有兰雪堂、缀云峰、

芙蓉榭、天泉亭、秫香馆等。中部为拙政园精华所在，池水面积占三分之一，以水为主，池广树茂，景色自然，临水布置了形体不一、高低错落的建筑，主次分明。主要景点有远香堂、香洲、荷风四面亭、见山楼、小飞虹、枇杷园等。西部主体建筑为靠近住宅一侧的卅六鸳鸯馆，水池呈曲尺形。主要景点有卅六鸳鸯馆、倒影楼、与谁同坐轩、水廊等。

◆　留　园

留园在苏州阊门外，明万历年间太仆徐泰时建园，时称东园，园内假山为叠石名家周秉忠所作。清嘉庆年间，刘恕以故园改筑，名寒碧山庄，又称刘园。同治年间盛旭人购得，重加扩建，取留与刘的谐音改名留园。与拙政园、北京颐和园、承德避暑山庄齐名，为全国"四大名园"。留园分中、东、西、北四个景

苏州园林留园

区。其间以曲廊相连，迂回连绵，达700余米。中部是原来寒碧山庄的基址，中辟广池，西、北为山，东、南为建筑。假山以土为主，叠以黄石，气势浑厚。山上古木参天，显出一派山林森郁的气氛。山间水洞蜿蜒，仿佛池水之源。池南涵碧山房、明瑟楼是故园的上体建筑，楼阁如前舱。敞厅如中舱，形如画舫。楼阁东侧有绿荫轩，小巧雅致，临水挂落与栏杆之间，涌出一幅山水画卷。涵碧山房西侧有爬山廊，随山势高下起伏，连接山顶闻木樨香轩。山上遍植桂花，每至秋日，香气浮动，沁人心脾。池中小蓬莱岛浮现于碧波之上。池东濠濮亭、曲溪楼、西楼、清风池馆掩映于山水林木之间，错落有致。池北山石兀立，洞壑隐现。

东部庭院深深，院落之间以漏窗、门洞、廊庑沟通穿插，成为苏州园林中院落空间最富变化的建筑群。西部以假山为主，土石相间，浑然天成。山上枫树郁然成林，盛夏绿荫蔽日，深秋红霞似锦。至乐亭、舒啸亭，隐现于林木之中。

◆ 狮子林

狮子林为苏州四大名园之一，元代至正二年（1342年），元末名僧天如禅师维则的弟子"相率出资，买地结屋，以居其师"。因园内"林有竹万固，竹下多怪石，状如狻猊（狮子）者"；又因天如禅师维则得法于浙江天目山狮子岩中峰，为纪念佛徒衣钵、师承关系，取佛经中狮子座之意，故名"狮子林"。狮子林既有苏州古典园林亭、台、楼、阁、厅、堂、轩、廊之人文景观，更以湖山奇石，洞壑深遂而盛名于世，素有"假山王国"之美誉。

◆ 沧浪亭

沧浪亭是现存苏州园林中历史最为悠久的建筑之一。与狮子林、拙政园、留园并称为"苏州宋、元、明、清四大园林"。园内布局以山为主，入门即见黄石为主，土石相间的假山，山上古木新枝，生机勃勃，翠竹摇影于其间，藤蔓垂挂于其上，自有一番山林野趣。建

筑亦大多环山，并以长廊相接。但山无水则缺媚，水无山则少刚，遂沿池筑一复廊，蜿蜒曲折，将临池而建的亭榭连成一片，既不孤单，又可通过复廊上一百余图案各异的漏窗两面观景，使园外之水与园内之山相映成趣、相得益彰，融为一体。园内还有五百名贤祠，壁上嵌有五百余人像石刻，运刀细腻。

◆ 恭王府

恭王府位于北京什刹海和后海的环抱之中，为中国保存最为完整的王府建筑群。始建于乾隆四十一年（1777年），初为乾隆宠臣和绅的私宅。恭王府内的建筑分东、中、西三路，由南自北都是以严格的中轴线贯穿着的多进四合院落组成。位于王府东路一进院落的"多福轩"为恭亲王会客厅。当年英法联军入侵北京，《北京条约》即在此商定。"多福轩"里院落宽阔，青砖铺地。厅前有一架生长了

200多年的藤萝。每年四五月间，淡紫色的藤萝花播散出阵阵清香，弥漫整院。府邸最深处横有一座两层的延楼，是王府最大的建筑，东西长达160余米，据说内有104间房，俗称"99间半"，取道教"届满即盈"之意。延楼二楼的40多个后窗框造型各异，绝无重样。相传这里曾是和绅的藏宝楼。花园入口是一座西洋门，上有题字。外题"静含太古"，内题"秀挹恒春"，意指

恭王府花园

在喧闹之中取太古幽境，颇有道家意境。进门后，正面有一直立突兀的孤石，上书"独乐峰"。独乐峰是花园的屏风障景。花园中古木参

天，怪石林立，环山衔水，廊回路转。景物布局与《红楼梦》中的大观园非常相似。恭王府花园的大戏楼外有芭蕉院，府邸的四合院内有翠竹林。

中国古代的佛教建筑

中国佛教建筑的主要表现形式有寺庙建筑、佛塔建筑、石窟建筑。庙是中国佛教建筑之一，源于印度的寺庙建筑，从北魏开始在中国兴盛起来。中国佛寺是平面方形、南北中轴线布局、对称稳重、整饬严谨的建筑群体。中国古代寺庙的布局大多是正面中路为山门，山门内左右分别为钟楼、鼓楼，正面是天王殿，殿内有四大金刚塑像，后面依次为大雄宝殿和藏经楼，僧房、斋堂则分列正中路左右两侧。大雄宝殿是佛寺中最重要、最庞大的建筑。

中国佛教建筑中的佛塔建筑起源于印度，公元1世纪前后，随佛教传入中国。我国的古塔大都是属于宗教建筑，数量极大，分布极广。北魏时期佛塔的建造已极为盛行，仅在洛阳就有上千座。目前我国还有三千多座佛塔。中国的佛塔在结构和形式上融合了民族的建筑艺术特点，主要是把中国原有的亭台楼阁建筑中的一些特点，运用到塔的建筑中，从而创造了具有中国特色的塔。我国的佛塔不仅能在塔内供佛像，有的还可以登临远眺。我国佛塔不同于诸如佛教的壁画、雕刻、佛曲等艺术形式，很少体现佛教神秘主义的美学思想。我国佛塔比例合适、结构精密、宏伟壮观、静穆安闲，给人以崇高的美感。另外，中国佛教建筑中还有石窟建筑，实际上是僧房，是教徒们集会、诵经、修行的地方。石窟原是印度的一种佛教建筑，大都是僧侣们开凿的。我国的石窟是仿照印度的石窟开凿

的，主要用来供奉佛和菩萨。

　　中国佛教建筑中的塔庙布局，一般来说，以塔为中心，周围建以殿堂、僧舍。塔中供奉着舍利、佛像，是寺院的中心建筑。唐代以后，佛塔多建寺前、寺后或另建塔院，形成了以大雄宝殿为中心的佛寺结构。寺院坐北朝南，主要殿堂依次分布在中轴线上，层次分明，布局严谨。宋代时，由于禅宗兴盛，形成了"伽蓝七堂"制度，七堂指佛殿、法堂、僧堂、库房、山门、西净、浴室。规模较大的寺院还有讲堂、禅堂、经堂、塔、钟楼。明清以来，佛寺建筑格局已成定式，一般在中轴线上由南向北依次分布着山门殿、天王殿、大雄宝殿、法堂、藏经楼、毗卢阁、观音殿。大雄宝殿是佛寺的主体建筑，东西两侧的配殿为钟楼与鼓楼，伽蓝殿与祖师堂，观音殿与药师殿相对应。大的寺院还有五百罗汉堂、

布达拉宫

佛塔等建筑。另外还常布置一系列附属建筑,如山门前的牌坊、狮子雕刻、塔、幢、碑等。下面我们就来说一说中国佛教建筑中的代表作——布达拉宫。

布达拉宫是历世达赖喇嘛的冬宫,也是过去西藏政教合一的统治中心,从五世达赖喇嘛起,重大的宗教、政治仪式均在此举行,同时是供奉历世达赖喇嘛灵塔的地方。自1653年清朝顺治皇帝以金册金印敕封五世达赖起,达赖转世都须得到中央政府正式册封,并由驻藏大臣为其主持坐床,亲政等仪式。布达拉宫依山垒砌,为花岗石墙体,白玛草墙领,金碧辉煌的金顶,红、白、黄三种色彩鲜明对比,分部合筑、层层套接的建筑型体,均体现了藏族古建筑的特色,是藏式建筑的杰出代表。布达拉宫的设计和建造,是根据高原地区阳光照射的规律,墙基宽而坚固,墙基下面有四通八达的地道和通风口;屋内有柱、斗拱、雀替、梁、椽木等,组成撑架;铺地和盖屋顶用的是

“阿尔嘎”的硬土,各大厅和寝室的顶部都有天窗,便于采光;宫内的柱梁上有各种雕刻,墙壁上有彩色壁画。宫内还收藏有西藏特有的、在棉布绸缎上彩绘的唐卡,以及历代文物。

布达拉宫有13层,自山脚向上,直至山顶。整体建筑主要由东部的白宫(达赖喇嘛居住的部分)、中部的红宫(佛殿及历代达赖喇嘛灵塔殿)、西部白色的僧房(为达赖喇嘛服务的亲信喇嘛居住)组成。红宫前有一片白色的墙面为晒佛台,这是每当佛教节庆之日,用以悬挂大幅佛像的地方。在半山腰有一处约1600平方米的平台,这是历代达赖观赏歌舞的场所——“德阳厦”。布达拉最古老的建筑是白宫法王洞。洞内供着松赞干布、文成公主、尼泊尔尺尊公主等人并列的塑像。白宫因外墙为白色而得名,是达赖喇嘛生活、起居的场所,共有七层。最顶层是达赖的寝宫“日光殿”。白宫的第六层和第五层都是生活和办公用房。

第四层有白宫最大的殿宇东大殿。布达拉宫的重大活动如达赖坐床典礼、亲政典礼等都在此举行。

红宫位于布达拉宫的中央位置，外墙为红色，采用了曼陀罗布局，围绕着历代达赖的灵塔殿建造了许多经堂、佛殿。红宫最主要的建筑是历代达赖喇嘛的灵塔殿，共有五座，分别是五世、七世、八世、九世和十三世。殿内还供奉着一尊银造的十三世达赖像和一座用20万颗珍珠、珊瑚珠编成的法物"曼扎"。红宫中的法王殿供奉着松赞干布、赤尊公主、文成公主以及大臣们的塑像；圣者殿供奉着观世音菩萨像；三界兴盛殿是红宫最高的殿堂，藏有大量经书和

布达拉宫之红宫

清朝皇帝的画像；坛城殿供奉密宗三佛；持明殿主供奉密宗宁玛派祖师莲花生及其化身像；世系殿供奉金质的释迦牟尼十二岁像和银质五世达赖像。

中国古代的道教建筑

远古的时候，人类就有了一种自然产生的神灵崇拜的倾向。他们把一切自己不能理解，不能解释的现象都作为神灵加以供奉。比如，河水泛滥，人们以为是河神发怒；五谷丰登，就认为是神赐福。因此，神灵崇拜是世界各民族共同有过的原始思维，在中国就发展为神仙信仰。尤其是中华民族，在古时候很相信在西方昆仑山上和东海之外的蓬莱三岛上，住着一批长生不死、逍遥自在的神仙。人们渴望接近仙人，但必须要通过一些被称作方士的人去请求，仙人才肯与凡人相见。传说方士都有一定的法术，他们有的是经过多年修炼，有的是经过仙人指点。从东汉开始，一些方士将原来飘缈的神仙信仰加以发展，形成了系统的理论和法术体系，宣称："天地有道，我命在我"，意思是说，成仙之道是有的，但得靠自己去寻找。他们认

为，追求现实之乐是天经地义的事情，最基本的是循道养德，排除尘世俗务。因而这些修炼者大都隐居深山老林，结草为庐，采果为食。山中修炼者的茅草屋，便是后来道家宫观的前身。

道教奉老子李耳为先祖，上尊号为"太上玄元皇帝"，俗称"太上老君"，成为与佛教释迦牟尼同等地位的天神；同时将历史和传说中的人物，以及祠祀中的自然界神纳入道教神的行列中，从而使道教宫观供奉的神灵得以和佛教寺院匹敌。道教源于民间巫教和神仙方术，形成于东汉末年。南北朝佛教极盛，道教模仿佛教，趋于完备。东汉后期，随着道教的形成，很多信奉道教的人都在家里设置了靖室。后来地区性的道教组织出现，有些靖室发展为中心活动场所，便改称治、馆。南北朝时，道教有了很大的发展，治、馆这类场所逐渐

由民办转为官办，不少由深山迁入城市，成为修道、祀神、藏道经的专门场所。于是道教宫观形成第一次高潮。

隋唐时期，道教的道场与宫廷的祭祀逐步合二为一，宫观在这时就成为道教场所的正式名称。北京白云观、湖南衡

北京白云观

阳九仙观、福建崇安武夷宫等现存的著名道观，都是建立在此时。唐朝命各州建佛寺，同时也建道观一所。唐长安城内有大道观10余所，著名的有玄宗之女金仙、玉真两公主出家为女冠的两道观。宋朝更重道教，宋真宗时，各主要祠庙都是道观，其中玉清昭应宫为天下最大最华丽的道观。山西芮城永乐宫、河南开封延庆观、陕西长安太乙宫、云南昆明三清阁，都是当时兴起的著名宫观。金大定七年（1167年），王重阳创全真教派，其徒丘处机得成吉思汗礼遇，道教盛极一时。明朝时期，道观建筑最为兴盛。现存的许多宫观都是这个时期建立的，著名的有天津玉皇阁、宁

夏平罗玉皇阁、湖北江陵太晖观、湖南长沙云麓宫、武当山道教建筑群。明清遗留的著名道观有北京白云观，江西贵溪县龙虎山正一观，陕西周至县秦岭北麓楼台观，四川成都青羊宫。清末以后，道观出现停顿状态。

道教建筑主要是宫、观，是道教用以祀神、修道、传教以及举行斋醮等祝祷祈禳仪式的建筑物。汉称"治"，晋称"庐""治""靖"（静），南朝称馆，北朝称观（个别称寺），唐始称观，唐宋以后规模较大、主祀民俗神的，称庙。宫，原本只是指宫殿；观，原本指城楼上可供登高眺望的堞楼。也就是说，宫观也就

是指宫廷之类的高大建筑群。后来中国道教供奉神像和进行宗教活动的庙宇，被称为宫、观、庙。道教建筑主要是庙宇建筑组群，宋代以后也有极少数的石窟和塔。另外由于祭祀名山大川、土地城隍等神仙的祠庙历来都由道士主持，所以这类祠庙也是道教建筑。道教的道观建筑与佛寺基本相同，没有特别的宗教特征。如佛寺山门设两金刚力士，道观设龙虎神像；佛寺天王殿设4天王，道观设4值功曹像；佛寺大雄宝殿供三世佛，道观三清殿供老子一气化三清像；佛寺有戒坛、转轮藏，道观也有同类建筑等。但道观中没有佛寺中某些特殊的建筑，如大佛阁、五百罗汉堂、金刚宝座塔等。除上述的建筑特色之外，道观中的塑像与壁画的题材多为世俗内容，建筑风格也比较接近世俗建筑，因此它的宗教气氛不如佛寺浓厚。另外，道观的布局与佛寺相类，其中主要建筑物包括照壁、山门、牌坊、玉皇殿、钟鼓楼、志律堂、邱祖殿、三清阁、四御殿等。

道教建筑常由神殿、膳堂、宿舍、园林四部分组成，其总体布局基本上采取中国传统式院落式。神殿是宗教活动的主要场所，常处于建筑群之主要轴线上，为整个建筑群之主体。殿堂内设置神灵塑像或画像。膳堂建筑物包括客堂、斋堂、厨房及附属仓房。宿舍为道士、信徒及游人住宿用房，常于建筑群之僻静处单独设院。有的还利用建筑群附近名胜古迹和山泉溪流、巨石怪洞、悬岩古树等，建置楼、阁、台、榭、亭、坊等，形成建筑群内以自然景观为主的园林。道教建筑将壁画、雕塑、书画、联额、题辞、诗文、碑刻、园林等多种艺术形式与建筑物综合统一，因地制宜，巧作安排。另外，道教建筑还承袭古代阴阳五行说，注重季节、方位、色彩与木、火、土、金、水五元素的匹配。下面我们就来介绍一下山西太原晋祠、山西芮城永乐宫、武当山古建筑群。

晋祠位于太原西南悬瓮山下，

原供奉春秋时晋侯的始祖叔虞，故称晋祠。晋祠最著名的建筑为圣母殿，原名"女郎祠"，创建于宋代天圣年间（1023—1032年）。圣母传为姬虞之母邑姜。殿内有宋代精美彩塑侍女像43尊，邑姜居中而座，神态庄严，雍容华贵。晋祠中的鱼沼飞梁，建于宋代，呈十字桥形，如大鹏展翅，位于圣母殿前，是国内现存古桥梁中仅有的一例。晋祠唐碑亭内陈列着唐太宗李世民手书的碑刻"晋祠之铭并序"，是书法艺术的珍品。圣母殿右侧，是千年古树"卧龙周柏"。晋祠难老泉，俗称"南海眼"，终年不息。周柏、难老泉、侍女像，誉称"晋祠三绝"。晋祠南部的奉圣寺曾是唐朝大将尉迟敬德的别墅。奉圣寺有舍利塔，塔高38米，七级八角形。

永乐宫是我国道教三大祖庭之一，是为纪念八仙之一吕洞宾而建，是现存最大的元代道教宫观，原名"大纯阳万寿宫"，因地处永乐镇，故又名永乐宫。原观于公元1244年被火焚毁，在原址上重建后改称为大纯阳万寿宫。永乐宫从公元1247年开始建造，到公元1358年基本完工，历时百余年。永乐宫内，除山门外，中轴线上还排列着龙虎殿、三清殿、纯阳殿、重阳殿等四座高大的元代殿宇。三清殿，

永乐宫

又称无极殿，是供"太清、玉属、上清元始天尊"的神堂，为永乐宫的主殿。殿内四壁，满布壁画，面积达403.34平方米，画面上共有人

物286个。整幅壁画被称为"朝元图"。纯阳殿，是为奉祀吕洞宾而建，殿内壁画绘制了吕洞宾从诞生起，至"得道成仙"和"普渡众生游戏人间"的神话连环画故事。重阳殿，是为供奉道教全真派首领王重阳及其弟子"七真人"的殿宇。殿内采用连环画形式描述了王重阳从降生到得道、度化"七真人"成道的故事。永乐宫原在永乐镇，因黄河三门峡工程，从1959年起迁移到芮城县城北。

武当山位于湖北十堰市丹江口境内，又名太和山、谢罗山、参上山、仙室山、太岳、玄岳、大岳，是国家重点风景名胜区、道教名山和武当拳发源地。武当山有七十二峰、三十六岩、二十四涧、十一洞、三潭、九泉、十池、九井、十石、九台等胜景，被誉为"亘古无双胜境，天下第一仙山"。武当山主峰天柱峰，海拔1612米，被誉为"一柱擎天"。武当山古建筑群规模宏大，气势雄伟，唐至清代共建庙宇500多处，庙房20000余间，明代达到鼎盛，历代皇帝都把武当山道场作为皇室家庙来修建。明永乐年间，大建武当，有"北建故宫，南建武当"之说。古建筑群主要包括金殿、紫霄宫、"治世玄岳"石牌坊、南岩宫、玉虚宫、太和宫、遇真宫、五龙宫、复真观等。其中太和宫位于武当山主峰天柱峰的南侧，主要由紫禁城、古铜殿、金殿等建筑组成。古铜殿始建于元大德十一年（1307年），是中国最早的铜铸木结构建筑。金殿始建于明永乐十四年（1416年），是中国现存最大的铜铸鎏金大殿。紫霄宫是武当山古建筑群中规模最为宏大、保存最完整的道教建筑，位于武当山东南的展旗峰下，始建于北宋宣和年间（1119—1125年），明嘉清三十一年（1552年）扩建。主体建筑紫霄殿是武当山最具有代表性的木构建筑，殿内有金柱36根，供奉玉皇大帝塑像。此外，武当山保存有各类造像1486尊，碑刻、摩岩题刻409通，法器、供器682件，还有大量图书经籍，被誉为"道教文物宝库"。

道教建筑中的藻饰

我国现存的道教建筑多修建于明清两代，著名的有河南鹿邑太清宫、陕西周至楼观、四川青城山古常道观、江西龙虎山上清宫、江苏茅山元符宫、苏州玄妙观、南京朝天宫、浙江余杭洞霄宫、北京白云观、成都青羊宫、山西永乐宫、陕西重阳宫、武汉长春观，主要奉祀三清、四御等道教尊神。道教建筑中的藻饰反映了道教追求吉祥如意、长生久视、羽化登仙等思想，如描绘日、月、星、云、山、水、岩石等，寓意光明普照，坚固永生，山海年长；扇、鱼、水仙、蝙蝠、鹿等，分别为善、裕、仙、福、禄的象征；莺、松柏、灵芝、龟、鹤、竹、狮、麒麟、龙、凤等，分别象征友情、长生、不老、君子、辟邪、祥瑞。有时还以福、禄、寿、喜、吉、天、丰、乐等字作为装饰。比如将寿写成百种不同字形，名为"百寿图"。另外，"八仙庆寿""八仙过海"等神话故事，也常为道教建筑的装饰题材。

中国古代的伊斯兰建筑

古代中国，除了佛教和道教以外，还有伊斯兰教。伊斯兰教是唐高宗永徽二年（651年）传到中国来的。传入中国以后，先后为回、维吾尔、撒拉等民族所信仰。伊斯兰教徒先后在各地建造了伊斯兰教活动场所，包括礼拜寺（清真寺）、教经堂、教长墓等，以清真寺为主。清真寺，也称清净寺、礼拜寺。中国古代也称回回堂，是伊斯兰教进行宗教活动的场所。中国伊斯兰教建筑有两大体系：一是以广大内地的回族为主的礼拜寺和教长墓（拱北）为代表；二是以维吾尔族为主的礼拜寺和陵墓（玛扎）为代表。一般礼拜寺由礼拜殿（祈祷堂）、唤醒楼（拜克楼）、浴室、教长室、经学校、大门等建筑组成。唤醒楼即中亚礼拜寺中的密那楼，原是塔形，称密那塔，为呼唤

教民作礼拜的建筑。礼拜殿一定要坐西朝东，这是为使教民做礼拜时面向西方的麦加。寺内装饰不用动物题材，而用几何形、植物花纹及阿拉伯文字等图案。

早期的伊斯兰教建筑，深受中亚建筑的影响，直接采用中亚建筑的风格。自伊斯兰教传入中国后，逐渐形成中国清真寺建筑特有的结构体系和艺术风貌。清真寺建筑，从外表看，不少都是尖塔圆顶，这是阿拉伯式的建筑式样。清真寺内

伊斯兰教建筑

没有供奉的佛像。福建泉州市的清净寺，用灰绿色砂石砌筑高大的穹窿顶尖拱门，礼拜殿横向布置，窗户无装饰，内部有尖拱型壁龛，用阿拉伯文的铭刻等，风格与中亚建筑相似。浙江杭州市的凤凰寺，建于宋元时期，礼拜殿内有3个半球形穹窿顶，入口大门用圆拱，两边有小尖塔，显然受到阿拉伯建筑的影响。但3个穹窿顶上面覆盖着传统的八角、六角攒尖瓦顶，说明它又接受了中国传统的建筑形式。明代初年，内地的伊斯兰教建筑从总体布局到单座建筑的形体、结构、用料，均已大量融进甚至接受当地的传统，如讲究纵轴对称，采用院落

清真寺建筑

布置，增加影壁、牌坊、碑亭、香炉等。

中国清真寺建筑，几乎遍及全国各地，尤其是回族、维吾尔族人聚居的地区比较多。新疆地区的伊斯兰教建筑，结合当地原有的木柱密梁平顶和土坯拱及穹窿顶的结构方式，又吸取中亚的某些手法，而创造出布局自由灵活、装饰和色彩都很丰富的地区民族风格。如建筑布局虽为院落式，但总体无明确轴线，比较灵活。礼拜殿是横宽形，有后殿（冬季用）和前廊（夏季用）之分，多使用拱券、穹窿顶和尖塔，墙面或穹窿顶多贴蓝绿色琉璃砖。内部多用石膏花饰，木梁柱上施雕饰，密肋顶棚绘彩画，装饰题材为几何图案及卷草花纹或葡萄花卉等。中国伊斯兰清真寺建筑有五大特点：一是追求与寺院布局相同的完整性。多采用中国传统的四合院，往往是一串四合院制度，即沿东西中轴线有次序、有节奏地布置若干进四合院，形成一组完整的空间序列，每一进院都有自己独具的功能和艺术特色。二是中国化的寺院建筑形制。寺门多采用中国式的庙门制度，门前有影壁、八字墙、牌楼等附属建筑，邦克楼多在二门或寺院正中处，为中国传统楼阁式。大殿平面形制有矩形、十字形、凸字形、工字形、六边形等。三是中阿合璧的建筑装饰。即将伊斯兰教装饰风格与中国传统装饰手法融会贯通，突出伊斯兰的宗教内容。四是富有中国情趣的庭院处理。寺院内遍植花草树木，设置香炉、鱼缸，修亭建阁，立碑悬匾，掘池架桥。五是坚持伊斯兰教建筑的基本原则。在建筑设置方面一般都有大殿、水房、讲经堂、邦克楼、望月楼。朝向方面，无论寺址位于何种方向，大殿内的米哈拉布一律坐西朝东。

中国第一个清真寺于唐朝在西安兴建。中国建筑的一个重要细节是重视对称美，从宫殿到清真寺都是这样。大多数清真寺都有特定的朝向，以美观闻名。在中国西部，清真寺更具有多中东风格。中国古

代的清真寺建筑著名的有福建泉州的清净寺、广州的怀圣寺、新疆库车的清真寺、西安的化觉巷清真寺、杭州的真教寺、北京牛街的清真寺等。下面我们就来介绍中国著名的伊斯兰教古建筑苏公塔与艾提尕尔清真寺。

苏公塔位于吐鲁番市东郊2千米，是一座造型新颖别致的伊斯兰教古塔。苏公塔建成于1778年，是清朝名将吐鲁番郡王额敏和卓的次子苏来满，为纪念其父的功绩，表达对清朝的忠诚而建的。苏公塔塔门入口处，有两块阴刻石碑，分别用维吾尔文和汉文记述了建塔的目的。苏公塔高44米，基部直径

艾提尕尔清真寺

10米。塔身上小下大呈圆柱形。塔中心有一立柱，72级台阶呈螺旋形依中心立柱向上逐渐内收，塔顶有一穹窿顶望室，四面有窗，登高四顾，北面的天山、火焰山、葡萄沟，西面的吐鲁番市，一览无余，尽收眼底。塔系砖木结构，留有14个长孔窗口，用以采光通风。塔身外部几何形图案有15处之多，是维吾尔族建筑艺术的精华。

艾提尕尔清真寺是中国著名清真寺，是中国最大的伊斯兰教宗教建筑，坐落于新疆喀什市解放北路，建于明正统年间（1436—1449年），占地1.68万平方米，坐西朝东。1442年，喀什噶尔的统治者沙克色孜·米尔扎首先在这里建立一所清真寺，用来祷告他的亲友们的亡灵。1538年，吾布力阿迪拜克为纪念已故的叔父米尔扎孜，将寺院扩建，改为聚礼用的大寺。全寺由礼拜堂、教经堂、门楼和其他一些附属建筑物组成。寺门用黄砖砌成，门高

4.7米，宽4.3米，门楼高约17米。门楼两旁各竖立有18米高的宣礼塔，塔顶均立有一弯新月。门楼后面是一个大拱北孜，顶端也托着一个尖塔。进入大门后，是一个巨大的庭院，院内有花木、水池。南北墙边各有一排共36间教经堂，供主教阿訇讲经之用；礼拜堂在寺院西部的高台上，分内殿和外殿。寺顶由158根浅蓝色的立柱托着，呈方格状。主殿内正中墙上有一壁龛，内置轿式宝座，每逢礼拜时，大毛拉（伊斯兰教职称谓）站在龛内诵读经文；若逢节日，大毛拉则在此宣教。礼拜殿分为内殿与外殿，供冬季和夏季做礼拜时分别使用。礼拜殿的装饰集中在圣龛、藻井、花窗、柱头几个部位。礼拜殿的内外殿之间的门窗装配有棂花格窗，是较为细密的几何纹样。艾提尕尔寺是喀什重要的宗教活动场所。

中国古代的城池防御建筑

　　中国古代的城市尤其是京城的布局，也是十分讲究的。中国古代城市建筑是指中国古代城市环境和城市的整体构图，体现了建筑工匠们驾驭城市建筑全局的卓越能力，是中国古代建筑艺术的重要组成部分。奴隶社会的产生，促使新石器时代原始村落的发展，加快了城市化的步伐，在此基础上产生了保卫奴隶主的城堡，随之丰富了商品交易的内容，即为城市。总的来说，中国古代的城市由于遵循"左祖右社，前朝后市"，以皇城为中心，进而向四周延展的基本布局理念，使得中国古代的京城、陪都及其他城市大都以皇宫或衙署为中心，力

武进县"淹城"

求规整对称，体现了封建社会的政治思想。而在中国古代的城池防御建筑方面，由于古代战争都是用刀、枪、剑、戟等冷兵器进行搏杀，这使得诸如盾牌、城墙、障碍物等成为保护战斗方的重要屏护。从安全防护角度来说，中国古城墙就是为了阻止敌人的侵犯的。一旦发生战争，凭城拒敌，进可攻，退可守，居高临下，对保卫城池安全十分有利。中国古城一般都筑有城墙，城墙外有护城河（护城壕）；有的城内还有皇城、宫城、内城，有的还有外城。

中国古代围绕城市的城墙，其广义还包括城门、城楼、角楼、马面和瓮城。最早的城墙遗址发现于河南淮阳平粮台和登封王城岗，属龙山文化。直到封建社会结束，各地城市绝大多数都建有城墙。城门和城墙转角处的墙体常加厚，称为城台和角台，其上的建筑称城楼和角楼。马面是城外附城而筑的一座座墩台，战时便于夹击攻城敌人，有时在城门外三面包筑小城，以加强城门处的防卫，称为瓮城。我国古代的城墙早在商朝初期就出现。那时候的城墙，都是用夯土法筑成的。城墙上面窄，下面宽，成梯形的横断面。位于江苏武进县境内的"淹城"是我国目前保留最古老、最完整的城墙建筑，相传是商末周初的遗迹。唐代的都城长安由三重城墙组成，即外城、皇城和宫城，布局完整。古代城墙多为土筑，仅在城台、城角表面包砖，宋元时由于火炮的应用，才逐渐在全部城垣外表包砖，明代各大小城市均普遍包砖。现存比较完整的城垣在西安和南京，均建于明初。

城台、城楼和角台、角楼建在城垣的关键部位，具有军事防卫的意义，但它们的平面突出在城墙以外，体型高耸在城墙以上，打破了大段平直城墙的单调，所以也具有审美意义。城门洞的形制在南北朝以前主要是方首，用单层木过梁；唐宋至元时，洞顶呈中平边斜的三折形，木过梁为上下两层；明清以后，门洞普遍用砖砌筑，成半圆拱

形。古代主要城门常有3个门洞。由于门洞数的加多，城台和城楼也随之加大加高。我国现存规模最大的古城是南京古城墙，是用特制巨型城砖筑成，城池的四周长33.5千米。此外，在京城外还筑有外城，周长60千米，有18个城门，称"外十八"；内设城门13个，称"内十三"。现在的北京城是明成祖迁都北京后，在元代大都城的基础上改建的，有外城、内城和皇城。清代的北京城基本上保持了明城的原状，共20座城门，其中最高大的是正阳门（俗称"前门"）。另外，我国现今保存较为完好的还有平遥城墙。平遥城墙位于山西平遥县，是我国现存完好的四座古城之一。建于明洪武三年（1370年）。南城

天安门

墙随中都河境蜒而筑，其余三面皆直列砌筑，周长6.4千米，墙高12米，平均宽3.5米。城外表全部用青砖砌筑，内墙为土筑。周辟六门。东西门外又筑瓮城，以利防守。城门上原建有高数丈的城门楼，四角各筑角楼，每隔50米筑城台一座，连同角楼，共计94座。城外有护城河。总之，古人建城一般不注意外观的审美，主要讲究高大、厚实，从实战出发，以利防犯。

接下来，我们着重说一说中国古代的城池防御建筑——北京城池。北京城池是中国历史上明清的都城，是京师顺天府的城防建筑的总称，由宫城、皇城、内城、外城组成，包括城墙、城门、瓮城、角楼、敌台、护城河等设施，是中国存世最完整的古代城池防御体系。清朝灭亡后，北京城池逐渐被拆毁，除宫城保留较好外，现皇城城门只有天安门被保留，内城仅存正阳门、德胜门箭楼、东南角楼以及崇文门一段残余城墙，外城则完全被毁，只有永定门被重建。北京城池分四重，即外城、内城、皇城、宫城；城各有门，有"内九外七皇城四"之说。1926年，北洋政府在宣武门和正阳门之间开了和平门。1937年日本占领北平后，又将东单牌楼东面的城墙和西单牌楼下面的城墙切开，开了复兴门、建国门。

北京城池的内城，又称京城、大城。其东段、西段修筑于元朝，北段、南段修筑于明朝洪武、永乐年间。城墙为夯土筑成，内侧和外侧均包城砖，通高12~15米。内城城墙的北段和南段厚度大于东、西段厚度，平均底厚19~20米，顶厚16米，上有女墙。内城有城门九座，角楼四座，水门三处，敌台一百七十二座，雉堞垛口11038个。城外有宽30~60米的护城河。内城基本成方形，西北缺一角，被附会为女娲补天"天缺西北、地陷东南"之意。但据遥感观测，此处原有城墙痕迹，使内城城墙呈完整的方形。但是这里的地形为沼泽和湿地，不利于地基稳固，因此推测原城墙修筑后不久即被废弃，并修筑

斜角的新城墙，将此处割出城外。历史上，北京内城曾多次遭到进攻，如明朝俺答汗、后金、八国联军等的进攻。1911年清朝灭亡后，为改善交通和修筑环城铁路，先后拆除了正阳门、朝阳门、宣武门、东直门、安定门的瓮城，皇城城墙和东安门。朝鲜战争期间，为便于疏散民众，在内城城墙上增开了大雅宝胡同豁口、北门仓豁口（东四十条豁口）、鼓楼大街北豁口、新街口豁口、官园西豁口、松鹤庵胡同豁口等6处豁口。为修建北京地铁，内城城门和城墙先后于1965年至1969年拆除。内城护城河的东西南三面也加盖改为暗沟，成为城市下水道系统的一部分。北京城池的内城有九门，即南面三门（正阳门、崇文门、宣武门）、东面二门（东直门、朝阳门）、西面二门（西直门、阜成门）、北面二门（德胜门、安定门）。

北京城池的外城，又称国城、外郭，城墙长14千米，高7.5~8米，底宽约12米，顶宽约9米。东南角因避让水洼而向内曲折，称为"地陷东南"。内城有七门，即南面三门（永定门、左安门、右安门）、东面一门（广渠门，又叫沙窝门）、西面一门（广安门，又叫彰义门）、东北角一门（东便门）、西北角一门（西便门）。北京城池的皇城修筑于明朝永乐年间，在元大都皇城的基址上向东、北、南三面扩建而成的，是北京宫殿城池建设的配套工程。平面呈长方形，西南角因避让庆寿寺而缺一角。墙高约7~8米，厚约3米，通体红色，上覆黄瓦。周长9千米，有六门，即大明门（大清门、中华门）、长安左门、长安右门、东安门、西安门、厚载门（地安门）。北京城池的宫城即紫禁城，于永乐四年至十四年修建，城墙周长3.4千米，有六门，即东华门、承天门（天安门）、端门、午门、玄武门（神武门）、西华门。

建筑知识小点萃

我国古代防御建筑之万里长城

我国的万里长城一般认为是秦始皇开始修筑的。其实我国古长城早在战国时代就开始建筑。秦始皇统一中国后，为了巩固边防，于公元前221年开始修筑长城，把战国时代燕、赵、秦等修筑的长城连接起来，又扩充了许多部分，西起临洮，东至辽东，形成万余里的庞大城墙建筑。秦代以后，西汉、东汉、北魏、北齐、北周、金、明各代，都对长城进行过大规模的修筑和增建。明代修筑长城前后用了一百多年的时间，东起山海关，西至嘉峪关，全长6350多千米，长城被中外游人誉为"人类的纪念碑"，是我国古城中最伟大的工程。山海关，号称"天下第一关"；嘉峪关，号称"天下雄关"。长城沿线还建有许多关城，最著名的关城是山海关、嘉峪关、平型关、雁门夫、居庸关、白虎关、娘子关等。

万里长城

第四章

形形色色的中国民居

中国古建筑的创始时期包括原始社会、新石器时代中晚期和夏、商、周。新石器时代是我国古代建筑艺术的萌生时期。由于自然条件的不同，黄河流域及北方地区，流行穴居、半穴居及地面建筑；长江流域及南方地区，流行地面建筑及干栏式建筑。这是中国古代建筑文化体现出地域特色的最早表现。后来随着魏晋南北朝佛教盛行，由于佛教在中国的传播过程中，出现了诸如南传佛教、中原佛教、藏传佛教等流派，由此也带来了中国寺庙建筑的地域化特色。总之，作为一个具有五千年历史文明，创造了诸多富有地域性文化特色（如黄河文明、长江文明、珠江文明、海岛文明、东北文明、西南文明等）的中华文化，其每一个文化艺术种类，均有着天然的地域性，而且我国是个多民族国家，加上地域辽阔，自然条件差别很大，所以各地方、各民族的建筑都有一些特殊的风格。

　　中国古建筑的地方民族特色可以归纳为西北风格、北方风格、江南风格、岭南风格、西南风格这五种地域风格，以及藏族风格、蒙古族风格、维吾尔族风格这三种地方民族风格。其中，西北风格集中在黄河以西至甘肃、宁夏的黄土高原地区；北方风格集中在淮河以北至黑龙江以南的广大平原地区；江南风格集中在长江中下游地区；岭南风格集中在珠江流域的山岳丘陵地区；西南风格集中在西南山区的壮、傣、瑶、苗等民族聚居的地区；藏族风格集中在西藏、青海、甘南、川北等藏族聚居的广大草原山区；蒙古族风格集中在蒙古族聚居的草原地区；维吾尔族风格集中在新疆维吾尔族居住区。本章我们就来说一说中国古代建筑的时代特色、简述一下中国近现代建筑艺术特点，以及介绍一些富有地方文化特色，适应地方独特历史、地理因素的中国民居种类，以使读者更为全面地了解中国民族建筑艺术的神韵与风采。

中国古代建筑的时代特色

秦始皇统一六国后，开始了中国古代建筑史上首次规模宏大的工程，这便是上林苑、阿房宫。此外，又派蒙恬率领30万人"筑长城，固地形，用制险塞"从中我们可以看到秦作为一个统一的大帝国在中国古代建筑历史上所表现出来的气派。中国古代建筑从一开始就追求一种宏伟的壮美。汉代建筑规模更大，到汉武帝之时更是大兴宫殿、广辟苑囿，较著名的建筑工程有长乐宫、未央宫等。汉宫殿突出雄伟、威严的气势，后苑和附属建筑却又表现出雅致、玲珑的柔和之美，这与秦相比显然又有了很大的艺术进步。

秦汉时已有雕刻和彩绘，布局舒展、整齐，具有明确的伦理、等级、秩序等内涵，表现出刚健、质朴的风格特色。由于中国古代建筑的功能和材料结构长时期变化不大，所以形成不同时代风格的主要因素是审美倾向的差异；同时，由于古代社会各民族、地区间有很强的封闭性，一旦受到外来文化的冲击，或各地区民族间的文化发生了急剧的交融，也会促使艺术风格发生变化。根据这两点，可以将商周以后的建筑艺术分为三种典型的时代风格：秦汉风格、隋唐风格和明清风格。

◆ 秦汉风格

商周时期已初步形成了中国古代建筑的某些重要的艺术特征，如方整规则的庭院，纵轴对称的布局，木梁架的结构体系，由屋顶、屋身、基座组成的单体造型，屋顶在立面占的比重很大。但商、周建筑也有地区的、时代的差异。春秋战国时期诸侯割据，各国文化不同，建筑风格也不统一。大体上可归纳为两种风格，即以齐、晋为主的中原北方风格和以楚、吴为主的江淮风格。

秦始皇统一全国，将各国文化集中于关中，汉继承秦文化，全国建筑风格趋于统一。秦汉建筑奠定了中国古代建筑的理论基础，伦理内容明确，布局铺陈舒展，构图整齐规则，同时表现出质朴、刚健、清晰、浓重的艺术风格。

代表秦汉风格的主要是都城、宫室、陵墓和礼制建筑。秦汉时期的建筑，都城区划规则，居住里坊和市场以高墙封闭；宫殿、陵墓都是很大的组群，其主体为高大的团块状的台榭式建筑；重要的单体多为十字轴线对称的纪念型风格，尺度巨大，形象突出；屋顶很大，曲线不显著，但檐端已有了"反宇"；雕刻色彩装饰很多，题材诡谲，造型夸张，色调浓重；重要建筑追求象征涵义，大多带有宗教性的内容。

◆ 隋唐风格

魏晋南北朝是中国古代建筑风格发生重大转变的阶段。中原士族南下，北方少数民族进入中原，加速了民族的大融合，深厚的中原文化，同时也影响了北方和西北。随之输入的佛教文化，几乎对所有传统的文学艺术产生了重大影响，增加了传统艺术的门类和表现手段，也改变了原有的风格。同时，文人士大夫退隐山林的生活情趣和田园风景诗的出现，以及对江南秀美风景地的开发，正式形成了中国园林的美学思想和基本风格，由此也引伸出浪漫主义的情调。

隋唐时期，国内民族大统一，又与西域交往频繁，更促进了多民族间的文化艺术交流。秦汉以来传统的理性精神中糅入了佛教和西域的异国风味，以及南北朝以来的浪漫情调，终于形成了理性与浪漫相交织的盛唐风格。其特点是，都城气派宏伟，方整规则；宫殿、坛庙等大组群序列恢阔舒展，空间尺度很大；建筑造

型浑厚，轮廓参差，装饰华丽；佛寺、佛塔、石窟寺的规模、形式、色调异常丰富多采，表现出中外文化密切交汇的新鲜风格。

◆ 明清风格

五代至两宋，中国封建社会的城市商品经济有了巨大发展，城市生活内容和人的审美倾向也发生了很显著的变化，随之也改变了艺术的风格。五代十国和宋辽金元时期，国内各民族、各地区之间的文化艺术再一次得到交流融汇；元代对西藏、蒙古地区的开发，以及对阿拉伯文化的吸收，又给传统文化增添了新鲜血液。明代继元之后又一次统一全国，清代最后形成了统一的多民族国家。中国古代建筑终于在18世纪形成最后一种成熟的风格。

明清时期建筑特点是，城市仍然规格方整，但城内封闭的里坊和市场变为开敞的街巷，商店临街，街市面貌生动活泼；城市中或近郊多有风景胜地，公共游览活动场所增多；重要的建筑完全定型化、规格化，但群体序列形式很多，手法很丰富；民间建筑、少数民族地区建筑的质量和艺术水平普遍提高，形成了各地区、各民族多种风格；私家和皇家园林大量出现，造园艺术空前繁荣，造园手法最后成熟。总之，盛清建筑继承了前代的理性精神和浪漫情调，按照建筑艺术特有的规律，终于最后形成了中国古代建筑艺术成熟的典型风格——雍容大度，严谨典丽，机理清晰，且又极富于人情韵味。

典型严整的北京民居

北京地区属暖温带、半湿润大陆性季风气候，冬寒少雪，春旱多风沙，因此住宅设计注重保温防寒避风沙，外围砌砖墙，整个院落被房屋与墙垣包围，硬山式屋顶，墙壁和屋顶都比较厚实。四合院是北京地区乃至华北地区的传统住宅，基本特点是按南北轴线对称布置房屋和院落，坐北朝南。大门一般开在东南角，称"坎宅巽门"，认为是吉利的，也有利于保持私秘性和增加空间的变化。门内建有影壁，外人看不到院内的活动。

四合院

进入大门西转为外院。从外院向北通过一座华丽的垂花门进入方正而大的内院。正房位于中轴线上，北面正房称堂，供奉"天地君亲师"牌位，举行家庭礼仪，接待尊贵宾客。侧面为耳房及左右厢房。正房是长辈的起居室，厢房供晚辈起居用，左右耳房居住长辈和用作书房。各房以"抄手游廊"相连，在廊内可坐赏院中花树。而从居住功能来说，北京四合院亲切宁静，庭院尺度合宜，庭院方正，利于冬季多纳阳光。

从文化角度来说，北京四合院蕴含着深刻的文化内涵，是中华传统文化的载体。四合院的营建是极讲究风水的，从择地、定位到确定每幢建筑的具体尺度，都要按风水理论来进行。风水学说，实际是中国古代的建筑环境学。这种风水理论，千百年来一直指导着中国古代的营造活动。除去风水学说外，四合院的装修、雕饰、彩绘也处处体现着民俗民风和传统文化，表现人们对幸福、美好、富裕、吉祥的追求。如以蝙蝠、寿字组成的图案，寓意"福寿双全"；以花瓶内安插月季花的图案，寓意"四季平安"。而嵌于门管、门头上的吉辞祥语，附在檐柱上的抱柱楹联，以及悬挂在室内的书画佳作，更是集贤哲之古训，采古今之名句，或颂山川之美，或铭处世之学，或咏鸿鹄之志，充满浓郁的文化气息。

草原上的内蒙民居

蒙古包是内蒙古地区典型的帐幕式住宅，以毡包最多见。蒙古包，古称穹庐，又称毡帐、帐幕、毡包。蒙古语称格儿，满语为蒙古包、蒙古博。蒙古包是游牧民族为适应游牧生活而创造的居所，易于拆装，便于游牧。自汉朝匈奴时就已出现，一直沿用至今。除蒙古族外，哈萨克、塔吉克等族牧民游牧时也居住蒙古包。蒙古包分固定式、游动式两种。半农半牧区多建固定式，游牧区多为游动式。游动式又分为可拆卸和不可拆卸两种，前者以牲畜驮运，后者以牛车或马车拉运。蒙古包是许多蒙古人的日

形，有大有小，大者，可容纳600多人；小者可以容纳20个人。蒙古包的最大优点是拆装容易，搬迁简便。

蒙古包呈圆形，四周侧壁分成数块，每块高130～160厘米、长230厘米，用条木编成网状，几块连

蒙古包

常居住地。大多数的蒙古人终年赶着他们的山羊、绵羊、牦牛、马和骆驼，寻找新的牧场。蒙古包呈圆

接，围成圆形，长盖伞骨状圆顶，与侧壁连接。帐顶及四壁覆盖或围以毛毡，用绳索固定。西南壁上留

一木框，用以安装门板，帐顶留一圆形天窗，以便采光、通风、排放炊烟，夜间或风雨雪天覆以毡。蒙古包的架设很简单，一般是搭建在水草适宜的地方，根据蒙古包的大小先画一个画圈，然后便可以开始按照圈的大小搭建。蒙古包搭好后，铺上厚厚的地毯，四周挂上镜框和招贴花。现在一些家具电器也进了蒙古包。

蒙古包主要由架木、苫毡、绳带三大部分组成。制作不用水泥、土坯、砖瓦，原料非木即毛，可谓建筑史上的奇观。蒙古包的架木包括套瑙、乌尼、哈那、门槛。其中，套瑙分联结式和插椽式两种。要求木质要好，一般用檀木或榆木制作。两种套瑙的区别在于：联结式套瑙的横木是分开的，插椽式套瑙不分。联结式套瑙有三个圈，外面的圈上有许多伸出的小木条，用来连接乌尼。乌尼即椽子，是蒙古包的肩，上联套瑙，下接哈纳。其长短大小粗细要整齐划一，木质要求一样，长短由套瑙来决定，数量随套瑙改变。这样蒙古包才能肩齐，能圆。哈那的功能是承套瑙、乌尼，定毡包，最少有四个，数量多少由套瑙大小决定。另外，哈那可以伸缩，有巨大的支撑力，以及外形美观。哈那的头要向里弯，面要向外凸出，腿要向里撇，上半部比下半部要挺拔。这样才能稳定乌尼，使包形浑圆。蒙古包的门依据哈那的高度而定。蒙古包的门不能太高，人得弯着腰进；在弯腰的同时，也表达对蒙古包内主人的尊敬。毡门要吊在外面。蒙古包里一般要用四根柱子，而且有一个圈围火撑的木头框，在其四角打洞，用来插放柱脚。柱子的另一头，支在套瑙上加绑的木头上。蒙古包里的柱子有圆、方、六面体、八面体等；柱子上的花纹有龙、凤、水、云等多种图案。

中国古代建筑名著之《园冶》

　　《园冶》是中国古代造园专著，也是中国第一本园林艺术理论的专著。明末造园家计成著，崇祯四年（1631年）成稿，崇祯七年刊行。全书共3卷，附图235幅。主要内容为园说、兴造论两部分，其中《园说》分为"相地、立基、屋宇、装折、门窗、墙垣、铺地、掇山、选石、借景"10篇；《兴造论》突出强调"因、借、体、宜"原则的重要性。具体来说，第一篇《相地》列举山林、城市、村庄、郊野、宅旁、江湖等不同环境中的园林选址和景观设计要求。第二篇《立基》重点叙述各类园林建筑以及假山选址立基的艺术和技术要领。第三篇《屋宇》，分疏了各类建筑名称、功能以及梁深结构类型、变通方式后的图式。第四篇《装折》即装修，说屏门、天花、门窗隔扇等可折装木柞的式样与做法。第五篇《门窗》讲述园林建筑门窗多种外形轮廓与做法。第六篇《墙垣》，揭明不同材质所构成不同类型墙垣及其施工要领。第七篇《铺地》概述各种材料铺装地面形成种种花纹图案。第八篇《掇山》，以大量篇幅陈述了园山、万山等八种假山以及石池、峰、峦、岩、洞、涧、水、瀑布等堆砌方法、工程技术要领和艺术追求。第九篇《选石》，罗列了太湖石等十六种可供掇的山石产地及各种的石料的色泽、纹理、品质。第十篇《借景》以实例说明远借、邻借、仰借、俯借、应时而借的具体内容和要求。总之，该书详细记述了如何相地、立基、铺地、掇山、选石，并绘制了两百余幅造墙、铺地、造门窗等图案。《园冶》论述了宅园、别墅营建的原理和具体手法，反映了中国古代造园的成就，总结了造园经验，是一部研究古代园林的重要著作。

保温防寒的宁夏民居

宁夏地处西北，远离海洋，降水少、温差大，气候严寒，大陆性气候特征明显，冬春干旱多风沙，盛行偏北风，因此住宅一般不开北窗。而且为保温防寒，一般采取厢房围院形式，且房屋紧凑，屋顶形式为一面坡和两面坡并存。另外，由于宁夏地域文化丰富，西夏文化、边塞文化、伊斯兰文化、移民文化和汉族文化相互交融，从而产生了富有特色、风格浑朴的民居艺术。宁夏民居一般院落宽敞，每家一院，院中围栏饲养牛羊，分隔偏院种植果树。在宁夏南部地区还可以见到一种"高房子""小高楼"的建筑，即在主房的上面再加盖一间。它一般位于院落一隅临近大门，小巧而秀气。这种"高房子"产生于战乱年代，可以供人们登高

观察，用来防卫周围情况；现在多用于观察偏院中的果树和晒谷场上的情况。另外据说，古时回族未出阁的姑娘要居住在"小高楼"内。如今的"小高楼"，有时候下面住人上面放杂物，有时则上面住人。它可供回族老人静心礼拜诵经。

具体来说，宁夏回族穆斯林民居分为两类，一类是黄土建筑——窑洞式，另一类是砖石土木结构住房，以居住平顶土坯房、砖石土坯立木房为多。历史上残留的山区回民土窑洞已存的不多。窑洞式民居是黄土高原上特有的居住类型。适合在干旱少雨、交通不便、缺少砖瓦、木材的地方营造。同时窑洞冬暖夏凉。此种民居，多分布在宁夏南部山区。居住在村镇的穆斯林，多选择平房或低层小楼房。平房的

穆斯林建筑

造型变化多样，屋顶形式有平顶的，一面坡式的，两面坡式的。注重清洁卫生和环境美化，是回族民居的共同特点。许多回族家庭都因地制宜，喜欢在庭院内栽种鸡冠花、牡丹花、石榴、夹竹桃等花草树木。

回民传统房屋建筑多为土木结构，一般正房三间，长12米左右，进深（宽）4米左右，正中一间前方设1.6米空地，称院窝，左右两房称为耳房，用围墙相连，正房、厢房、围墙组成合院天井。设院窝的正房为堂屋，为厨房兼客厅，是一家生活的中心，后房摆设碗框、电器等，正墙上喜帖阿文楹联。火塘通常镶在进门的左侧或右侧，以煤为燃料，室内清洁。耳房及楼上分别为家人卧室或存放物品，厢房作牛羊圈和放农用工具等。由于回族的生活习惯和宗教信仰，往往另外辟出一室作为自己诵经、礼拜的

净室。同时伊斯兰教对沐浴冲洗也有一定要求，不分大小宅院，在每间卧室的门后都砌起一块可盛水和排水的浅小砖池，供卧室的主人冲洗。对于较小的宅院，必须辟出"敞房"，为在婚丧大事中为证婚、纪念先人时念经以及丧事中停放亡人等提供场所。

宁夏民居的建筑装饰色彩十分丰富，擅用白、绿、蓝、黄等，带有伊斯兰特色。在一些明显的部位往往安放砖雕，如脊头、瓦檐、迟头、山面墙、山尖、山面中心等。坡屋顶的屋脊是宁夏民居重点装饰的部位。最常见的是清水脊，断部以30°～40°的斜度起翘，下面有雕花的鼻盘、爬头；另一种是皮条脊，即取消清水脊的鼻子、鼻盘，另在端部加一勾头。脊身可用瓦、砖实砌或空砌。宁夏民居的坡屋顶的材料，多为砖瓦及较少数量的预制装饰构件。在檐头、檩椽、门窗、墙壁、家具、照壁上，回族穆斯林喜欢以牡丹、葡萄等花木、山水自然景观和一些几何图形作为雕镂绘描装饰图案，古朴典雅，别具一格。大量运用绿色作为穆斯林民族的建筑主色，回族家庭中经常张贴的画，以及地毯、毛巾、枕巾上的图案，多以植物山水为主，处处反映出穆斯林的宗教思想。

窑洞式的陕北民居

黄土高原区的黄土具有胶结和直立性，土质疏松易于挖掘，因此当地人民因地制宜创造性地挖洞而居，不仅节省建筑材料，而且具有冬暖夏凉的优越性。但由于地坑式窑洞难于防御洪水的侵袭，近年来黄土高原人民陆续在地面上营建砖木结构房屋。窑洞式住宅是陕北甚

中外**建筑**大全

至整个黄土高原地区较为普遍的民居形式，分为靠崖窑、地防窑、砖石窑等。其中，靠崖窑是在黄土垂直面上开凿的小窑，常数洞相连或上下数层；地坑窑是在土层中挖掘深坑，造成人工崖面再在其上开挖窑洞；砖石窑是在地面上用砖、石

和箍窑三种。崖窑即沿直立土崖横向挖掘的土洞，每洞宽约3～4米，深5～9米，直壁高度约2米余至3米余，窑顶掘成半圆或长圆的筒拱。并列各窑可由窑间隧洞相通。也可窑上加窑，上下窑之间内部可掘出阶道相连。地窑是在平地掘出方形

陕北窑洞

或土坯，建造成一层或两层的拱券式房屋。

窑洞是一种特殊的"建筑"，流行在中国西北部黄土高原地区。深达一二百米、极难渗水、直立性很强的黄土，为建筑窑洞提供了很好的条件。窑洞又分为崖窑、地窑

或矩形地坑，形成地院，再在地坑各壁横向掘窑，多用在缺少天然崖壁的地段。人在平地，只能看见地院树梢，不见房屋。箍窑不是真正的窑洞，是以砖或土坯在平地仿窑洞形状箍砌的洞形房屋。箍窑可为单层，也可建成为楼。若上层也是箍窑即称"窑上窑"；若上层是木结构房屋则称"窑上房"。

窑洞一般修在朝南的山坡上，向阳，背靠山，面朝开阔地带，

▶▶▶ 158

少有树木遮挡，十分适宜居住生活。一院窑洞一般修3孔或5孔，中窑为正窑，有的分前后窑，有的1进3开，从外面看4孔要各开门户。里面有隧道式小门互通顶部呈半圆形，这样窑洞就会空间增大。窑洞一般窑壁用石灰涂抹，显得白晃晃的，干爽亮堂。窑洞内一侧有锅和灶台，在炕的一头都连着灶台，由于灶火的烟道通过炕底，冬天炕上很暖和。炕周围的三面墙上一般贴着一些绘有图案的纸或拼贴的画，陕北人将其称为炕围子。炕围子可以避免炕上的被褥与粗糙的墙壁直接接触摩擦，可以保持清洁。为了美化居室会在炕围子上作画，这就是陕北具有悠久历史的炕围画。陕北窑洞的窗户比较讲究，窗户分天窗、斜窗、炕窗、门窗四大部分，都有剪纸装饰，窗花布置得美观而又得体。窗花贴在窗外，从外看颜色鲜艳，产生一种独特的光、色、调相融合的形式美。

中国古代建筑名著之《木经》

《木经》是一部关于房屋建筑方法的著作，也是我国历史上第一部木结构建筑手册，作者是喻皓。喻皓生活的年代是五代末、北宋初，浙江杭州人，是一位出身卑微的建筑工匠，尤其擅长建筑多层的宝塔和楼阁。经过努力，终于在晚年写成了《木经》三卷。《木经》的问世不仅促进了当时建筑技术的交流和提高，而且对后来建筑技术的发展产生了很大的影响。令人遗憾的是，这部书后来失传了。根据北宋大科学家沈括在《梦溪笔谈》中的简略记载，《木经》对建筑物各个部分的规格和各构件之间的比例关系作了详细具体的规定。例如，厅堂顶部构架于尺寸依照梁的长度而定，梁有多长，规定相应的屋顶多高，房间多大，橡子多长等。屋身部分，包括屋檐、斗拱的规格和尺寸都依柱子的高度而定，台基的规格和尺寸大小也和柱高有一定的比例关系。屋外的台阶根据实际需要，分成陡、平、慢三种，也都有相应的具体规格。大约一百年后，李诚编著的，被誉为"中国古代建筑宝典"的《营造法式》，有很多是参照《木经》的。

太行山畔的晋鲁民居

山西太行山区与山东胶东丘陵一带两地民居形式类似，单门独院，有门楼，两面坡屋顶。由于山高石料普遍，建筑材料就地取材，因此砖石住宅较多。山东民居中还有一种特殊的民居——即处于山东威海的海藻房。下面我们来重点说一说山西民居。在中国民居中，山西民居和皖南民居齐名，向有"北山西、南皖南"的说法。山西民居以祁县、平遥最具代表性。山西民居以四合院为主，遗留的四合院多为清代、民国时期所建。由于砖石建筑材料，清代山西商品经济与票号兴起，从而带动了山西民居建筑水平的普遍提高。

具体来说，晋西北与晋北地区，包括吕梁地区流行窑洞房。窑洞房又有几种类型，一种是在黄土高原的土落千丈岸边挖进去的窑洞。一种是用砖石砌成的窑洞，又分为全砖、全石、全土、砖石混合的窑洞。晋北、晋西北的平房又分成：普通农家的平房，即土墙平房和砖墙平房，这类房屋屋顶是平的，顶上可以晒粮食，存放谷物。

山西窑洞

还有一种是有瓦脊的瓦房。在房屋装饰方面，忻州、雁北地区的老百姓，大都喜欢在自家的居室内画炕围画，比如"喜鹊登海""麒麟送子""嫦娥奔月""太白醉酒"等。民间住房都普遍有盘炕，一般在住室内都安置锅灶，既做饭，又取暖，很少有单独的灶房。

山西中部，农村人大都住平房，瓦房很少。太原、晋中、阳泉一带，以四合院为多，居室一般放在北房。太原、晋中包括汾阳、交城、文水等县，一般人家的四合院都有围墙，有院门，院门装饰也比较讲究。院门有门楼，有些人家进门有照壁。院门上，一般都涂有油漆。太原、晋中一带的四合院，过去土坯房居多。如今，大多用一砖到顶的房屋代替。而且把纸窗户换成了玻璃窗户，便于采光。室内，仍然是土炕。室内地面都改用砂灰压抹，干净、整洁。室内装饰仍然少不了窗花、炕围画，墙上贴年画。晋中的灵石县，城乡人民都喜欢住窑洞房。阳泉市多数群众居住的是土木结构的房屋，也有部分砖木结构的房屋。院落一般是方形或是长方形的。有的是四合院，也有的是三合院，有的是上、下两院。院子一般都宽敞明亮，院内地面一般都是用砖铺砌的。院内正房多数是三间，也有五间的，里面为套间。正房对面，是南房，当地人称之为倒座。宅院四周，一般都筑有围墙。

晋南一带，包括临汾、运城多数居住土木、砖木结构的大屋顶瓦房，旧时多四合院，住房一连三间，北房多为主房。晋南也有住窑洞房，还有"地窨院"式的土窑洞，及"二层楼"。如今晋南农民住宅，多数为独门独院，大都改成一律北房，五间为主的形式，门窗高大，宽敞明亮。房内，卧室多是土炕，而且住二层楼、修建二层楼的人家逐渐增多。晋东南的二层楼，二层一般不住人，只是放些粮食、家具、杂物之类的东西。一层是居室。如今晋东南城乡，也讲究庭院布置。院中常点缀各色花束，行人过道，室内套间隔舍，设厨房、卧室、客房、书屋等，现代化家具也进入家庭。

建筑知识小点萃

山西的主要民居形式

（1）窑洞。窑洞是古代穴居遗风的演变。山区丘陵地带的人家多依向阳山崖挖土窑洞，多为一明两暗形式。有的土窑前面装修砖石门脸，有的只用黄泥或白灰抹个门面，木构门窗，糊的百麻纸上贴上鲜红的窗花，门口爬一两串南瓜葫芦，是典型的黄土高原农家风情。山区石料采集比较方便，大部分以建石窑为主。

（2）平房。平房呈后高前低外形，称为"一出水"。前面采用木柱式，满面开窗，采光较好。泥皮土房建筑结构简单、省钱，屋顶用碱地淤土和麦秸和泥而抹成。一般秋季五谷登场，房顶便成为晒粮场。

（3）瓦房。为上宇下栋式的两山水瓦房，以人字梁起架，前面多以砖砌柱，留窗格门洞，多为硬山式结构，一溜顺水压板瓦。也有的地方为防止雨水冲刷，采用悬山式结构。比较讲究的瓦房为双出水悬山式桶板瓦屋顶、排椽插飞、五脊六兽，全木结构门窗，造型华美、采光好。

（4）楼房。在晋南、晋东南农村，多有双出水硬山式二层楼房。楼上只作贮藏物品、粮食之用，较低矮，也不专设上下楼梯，只有移动式木梯供上下。每到秋后，沿二楼屋檐下悬挂满了金黄的玉米，甚为好看。

（5）石板房与庵棚。晋东南一带山区农村利用片石材料，在屋顶成鱼鳞状铺设片石代为瓦顶。庵棚是常见的临时性住宅。夏天瓜田菜地边，便立起三角形的、拱形的窝棚，或用黄泥封顶，或以秫秸避雨遮阳，富有乡情神韵。

江南水乡的苏沪民居

江南水乡的古村与民宅盛于明清时期，当地有利的地质和气候条件，提供了众多可供选择的建筑材质。表现为借景为虚，造景为实的建筑风格，强调空间的开敞明晰，又要求充实的文化氛围。建筑上着意于修饰乡村外景，修建道路、桥梁、书院、牌坊、祠堂、风水楼等，力图使环境达到完善、优美的境界。在艺术风格上别具一番纯朴、敦厚的乡土气息。从建筑风格来说，江苏、上海、浙江的民居具有许多相似之处。其

苏州民居

中，江苏民居以苏州为代表。素有"东方威尼斯"之称的苏州水网密布，地势平坦，房屋多依水而建，门、台阶、过道均设在水旁，民居融于水、路、桥之中，多为楼房，且砖瓦结构。由于气候湿热，为便于通风隔热潮防雨，院落中多设天井，墙壁和屋顶较薄，有的有较宽的门廊或宽敞的厅阁。最终营造出一种青砖蓝瓦、玲珑剔透的江南水乡建筑风格。

苏州民居是江南民居的典范。脊角高翘的屋顶，加上走马楼、砖雕门楼、明瓦窗、过街楼等，远远望去，古朴典雅。苏州民居的院落以天井庭院式为主，布局类似四合院。每座深宅大院由数个或数十个院落组合而成，重门叠户、深不可测。组成庭院的四面房屋皆相互联属，屋面搭接，紧紧包围着中间的小院落，称"天井"。天井内的每

座房屋都有宽大的屋檐，主要是为了方便雨季行走。苏州民居一般是由数进房屋组成的中轴对称式的狭长院落，依次为门厅、轿厅、过厅、大厅、正房。大厅是宾客汇聚之处，正房多做成"冈"形两层楼房，为家眷的卧房；大部分不设厢房，前后房屋间的联系是靠两侧山墙外设置的避弄；一般人家在天井内立一座雕饰华丽的砖门楼，以示富贵；同时非常注重空间环境的布局，庭院里隽秀的窗棂、飘洒的挂落、轻巧玲珑的坐槛、镂空的栏杆、廊坊与峰石花卉交相呼应，融为一体，体现出吴地建筑文化的独特风格。

位于长江口的上海，地理位置优越，是近代民族工业的发祥地之一。其住宅质量较好，多为砖瓦结构楼房，式样新颖美观大方，颇有海派文化的影子。石库门是上海最有代表性的民居建筑，通常被认为是上海近代都市文明的象征之一。上海的石库门住宅兴起于19世纪60

石库门弄堂

年代。1860年以忠王李秀成为首的太平军发动东进，攻克镇江、常州、无锡、苏州、宁波等城市，迫使数以万计的苏南、浙北难民进入上海租界避难。租界为接纳难民，动员商人投资住宅建设。为了充分利用土地，这些住宅大都被建为排联式的石库门里弄住宅。石库门除部分设计摹仿西洋排联式住宅外，其布局仿江南普通民居。早期的石库门产生于19世纪70年代初，一般为三开间或五开间，保持了中国传统建筑以中轴线左右对称布局的特点。老式石库门住宅，一进门是一个横长的天井，两侧是左右厢房，正对面是长窗落地的客堂间。客堂宽约4米，深约6米，为会客、宴请之处。客堂两侧为次间，后面有通往二层楼的木扶梯，再往后是后天井，其进深仅及前天井的一半，有水井一口。后天井后面为单层斜坡的附屋，一般作厨房、杂屋和储藏室。整座住宅前后各有出入口，前立面由天井围墙、厢房山墙组成，正中即为"石库门"，以石料作门框，配以黑漆厚木门扇；后围墙与前围墙大致同高，形成一圈近乎封闭的外立面。

20世纪初，老式石库门逐渐被新式石库门取代。新式石库门大多采用单开间或双开间，双开间石库门只保留一侧的前后厢房，单开间则完全取消了厢房。新式石库门在内部结构上的最大变动是后面的附屋改坡顶为平顶，上面搭建一间小卧室，即亭子间。亭子间屋顶采用钢筋混凝土平板，周围砌以栏杆墙，作晒台用。为了减少占地面积、节省建筑用材，新式石库门还缩小了居室的进深，降低了楼层和围墙的高度。新式石库门外墙面多用清水青砖、红砖或青红砖混用，石灰勾缝。新式石库门不再用石料做门框，改用清水砖砌，门楣的装饰也变得更为繁复，受西方建筑风格的影响，常用三角形、半圆形、弧形、长方形的花饰，这些花饰形式多样，是石库门建筑中最有特色的部分。

别样风格的陕南民居

陕西各地由于地理位置、气候环境、生活习惯的不同，住宅也不尽相同。陕北喜欢住窑洞。陕南地区多雨多山，因而民居很能体现当地的气候和地理环境特点。如安康紫阳人喜欢住石板房，即房子顶铺盖石板。在陕西，关中、陕北、陕南，宅与宅之间都有院墙相隔，院子都修有大门；门楼很讲究，出檐雕楣，门上刻有"和为贵""勤耕读"；院里会栽杏、梨、枣树，一年四季，花香四溢。一般来说，陕南传统民居有石头房、竹木房、吊脚楼、三合院和四合院。

其中，石头房多建于山区，在镇巴、安康、西乡山区很普遍。石头

陕南民居

房以石为基本材料，通常是后墙靠山崖，三边以石头砌墙，屋顶木架上铺以油页石板；竹木房多建于山坳，南郑、宁强和城固等山区常见，四壁多用圆木垒成，并留有门窗。屋顶用毛竹搭在木梁上，再以竹篾条结成以蓼叶覆盖；吊脚楼，多建于沿江集镇，以木桩或石为支撑，上架以楼板，四壁或用木板，或用竹排涂灰泥。屋顶铺瓦或茅草。吊脚楼窗子多向江，所以也叫望江楼；三合院和四合院多见于平坝城镇。三合院有正房3间，中间为堂屋，东西为厢房2~3间。四合院由正房、厢房和过门房组成，中间有一天井。三合院和四合院居室，均以土坯、砖石、木料为基本材料，大门多向南，忌朝西。

海峡之岸的福建民居

福建传统民居是华夏古代建筑的"活化石"，其精美的木雕、石刻、彩绘、剪黏装饰，是福建传统艺术中最精彩的部分。福建有山川之胜、园林之美，更有寺、塔、桥、土楼等古建筑韵味。福建古民居较为集中在闽南地区。闽西南的土楼，通常称为"客家土楼"。所谓"客家"是指自东晋开始陆续从北方迁徙到福建龙岩、漳州和广东梅州、潮汕一带的中原汉族人。中原汉族迁居此地后，为御匪盗防械斗，同族数百人筑土楼而居，因此土楼的防御功能突出。福建土楼建筑，造型宏伟，十分壮观，带有一种神秘感。土楼外形有方、有圆，酷似庞大的碉堡，其外墙用土、石灰、沙、糯米等夯实，厚1米，可达5层高；由外向内，屋顶层层下跌，共三环，主体建筑居中心；房间总数可达300余间，十几家甚至几十家人共居一楼。

福建土楼以漳州、龙岩地区为众，其中永定、南靖、平和、华安等县最为集中，是一种供聚族而居且具有防御性能的民居建筑。福建土楼宋元时期即已出现，明清时期趋于鼎盛。结构上以厚实的夯土墙承重，内部为木构架，以穿斗式结构为主。常见的类型有圆楼、方楼、五凤楼（府第式）、宫殿式楼等，楼内生产、生活、防卫设施齐全，是中国传统民居建筑的独特类型。福建土楼的代表作有二宜楼、承启楼、振成楼、奎聚楼、福裕楼、和贵楼、田螺坑土楼群、绳武楼。其中的二宜楼、承启楼、振成楼、绳武楼以及田螺坑土楼群五座中的四座，皆是闻名于世的圆形土楼。此外，振成楼，是近代土楼建筑的上乘之作；绳武楼，结构精巧，是单元式与通廊式土楼相结合的典范；和贵楼，为方形土楼，兴建于淤泥地上，以木桩垫基，高达五层；福裕楼，为五凤楼，又称府第式土楼，是客家土楼与闽西南传

福建土楼

统民居建筑手法的有机结合；奎聚楼，为宫殿式土楼。

从明崇祯年间（1628—1644年）破土奠基至清康熙四十八年（1709年）竣工落成的永定承启楼，位于永定县古竹乡高北村，整座楼由四个同心圆的环形建筑组成，石基土墙砖木结构，通廊式。环与环间以天井相隔，石砌廊道相通。楼墙周长1915.6米，总面积5376.17平方米。其中，外环4层，高12.4米，设4部楼梯上下，每层用穿斗式木构架和浆砌泥砖分隔成72开间；底层为厨房，2层为谷仓，3、4层是卧室，并在外墙开窗；二环高两层半，每层44开间；三环为单层，作为书房，计36开间；四环是厅堂与回廊组成的单层"四架三间"两堂式院落，是楼内族亲议事、婚丧喜庆等活动场所。公共设施除了凿有2口饮用水井外，还有一个大门、3个中门、8个侧门、8个檐廊拱门、8个防卫巷门和百余米的上下楼梯、千余米的通廊。这种通廊式土圆楼，是福建闽西客家土楼中最有特色、最引人注目的。

多姿多彩的云南民居

傣族民居分为干栏式建筑、地面建筑、土掌房三种。干栏式建筑主要分布在西双版纳全境和德宏州的瑞丽；地面建筑主要为芒市、盈江等地采用，为土墙平房；土掌房，是居住在红河流域的主要住宅形式，大量分布于云南中部和东南部地区。土掌房以木梁柱和土墙承重土质平顶，形成一个长方体或正方体，因地势建成二、三层的土楼，层层垒进，呈阶梯形，有天井、楼层，平顶上可凉晒粮食或堆放农具。景谷傣族住土木结构平房，房顶不高，用茅草或瓦覆顶；

分中堂，左右两厢；中堂置三角火塘，为煮饭、会客之处；左厢房为长辈卧室，右厢房为子女卧室。其中，干栏式建筑又称傣家竹楼，分布在澜沧江、怒江下游，是傣族先民百越民族最主要的特征之一。至今生活在西双版纳的傣族人民，都以干栏式竹楼为传统住宅，是傣族人民思想和文化艺术的缩影。

　　干栏式建筑是在木、竹的柱底架上建筑的高出地面的房屋，又称为干兰、高栏、阁栏、葛栏。一般所说的栅居、巢居，也是指干栏式建筑。这种建筑自新石器时代流行至今，主要分布于中长江流域以南以及东南亚。干栏式建筑主要为防潮湿而建，长脊短檐式的屋顶以及高出地面的底架，都是为适应多雨地区的需要。干栏式建筑一般是用竖立的木桩或竹桩构成高出地面的底架，底架上有大小梁木承托的悬空的地板，其上用竹木、茅草等建造住房。干栏式建筑上面住人，下面饲养牲畜。干栏式建筑的特点有三点：一是多呈西北–东南走向布局，具有出入、通风、采光、排除烟尘诸多功用；二是由木桩、地梁和地板结合构成建筑的基础；三

傣族干栏式建筑

是带横撑的梁架结构。总的来说，干栏式住房以竹木为材料，木材作房架，竹子作檩、掾、楼面、墙、梯、栏，各部件的连接用榫卯和竹篾绑扎，为单幢建筑，各家自成院落，房顶用草排或挂瓦。

干栏式竹楼是云南傣、佤、苗、景颇、哈尼、布朗等少数民族的主要住宅形式。滇南气候炎热潮湿多雨，竹楼下部架空，以利通风隔潮，多用作碾米场、贮藏室及杂屋；上层前部有宽廊和晒台后部为堂和卧室；屋顶为歇山式，坡度陡，出檐深远，可遮阳挡雨。下面我们着重说一说傣族竹楼。傣族人居住区地处亚热带，气温高，因此傣族竹楼都在平坝近水之处，小溪之畔、大河两岸、湖沼四周，凡翠竹围绕，绿树成荫的处所，必有傣族村寨。大的寨子集居两三百家人，小的村落只有十多家人。房子都是单幢，各家自成院落。傣族人住竹楼已有1400多年的历史。竹楼是傣族创造的一种特殊形式的民居，是以竹子为主要建筑材料。西双版纳是有名的竹乡，大龙竹、金竹、凤尾竹、毛竹多达数十种，都是筑楼的天然材料。

傣家人进屋都要脱掉鞋子，光脚踩在竹席上，天长日久竹席就变得亮锃锃的。傣族喜欢独家独院，当孩子成人娶亲，便有新的院落出现。谁家建造新竹楼，全寨子的人都会来帮忙，送草排，赠青竹，来帮工。因此建房速度相当快，一幢楼一两天即可竣工。新楼落成，男女老幼前往祝贺，以自己的歌声祝福主人迁入新居。如今，传统竹楼也在演变。不少竹楼已不是全竹结构。有的用木板作墙铺地，有的用砖块砌墙，有的屋顶已不用茅草而用油毡、青瓦或铁皮铺成。楼下不再饲养畜禽，只供堆放杂物。室内的陈设，也发生了很大变化。

传统竹楼，全部用竹子和茅草筑成。竹楼以粗竹或木头为柱椿，分上下两层。下层四周无遮栏，专用于饲养牲畜家禽，堆放柴禾和杂物。上层由竖柱支撑，与地面距离约5米左右。铺设竹板，极富弹性。

傣族竹楼

楼室四周围有竹篱，有的竹篱编成各种花纹并涂上桐油。房顶呈四斜面形，用草排覆盖而成。一道竹篱将上层分成两半，内间是家人就寝的卧室，卧室是严禁外人入内的。外间较宽敞，设堂屋和火塘，既是接待客人的场所，又是生火煮饭取暖的伙房。楼室门外有一走廊，一侧搭着登楼木梯，一侧搭着露天阳台，摆放着装水的坛罐器皿。

古朴的徽州民居

徽州古称新安，地处安徽南部，黄山脚下，总面积9807平方千米。北宋宋徽宗以自己的帝号改新安为徽州，下设黟县、歙县、休宁、祁门、婺源、绩溪六县。徽派民居是指古徽州地区的民宅，座落在皖南、赣东北的山区、丘陵之中，包括安徽歙县、绩溪、休宁、黟县、祈门、屯溪及江西婺源。徽州民居建筑群常沿着地面等高线灵活排列在山腰、山脚或山麓，村镇随着地形和道路方向逐步发展。村落大都依山傍水或靠山近田，顺着

表宵瓦白墙，高低错落，与周围自然景色融为一体。徽州民居以黟县的西递、宏村最具代表性。宏村有明清古民居140余幢，被誉为"中国画里乡村"。西递现存明清古民居124幢，祠堂3幢，拥有徽派民居建筑风格的"三绝"（民居、祠堂、

徽州民居

河流或山溪展开，有时涧溪穿村而过。整个村落包括小桥、古树、清溪、石路、方亭、古塔，建筑群外

牌坊）和"三雕"（木雕、石雕、砖雕）。另外还有黟县的碧山、屏山；歙县的雄村、呈坎、潜口、棠

樾、深渡；绩溪的磡头、坑口、冯村、上庄。

青瓦、白墙是徽派建筑的突出印象。徽派民居的特点：一是高墙深院，二是以高深的天井为中心形成的内向合院，四周高墙围护。这种以天井为中心，高墙封闭的基本形制，俗称"四水归堂"。徽派古村落一般由牌坊、民居、祠堂、水口、路亭、作坊等组成。民居的布局一般是以天井为中心的三合院或四合院，两层高度。中型、大型宅院采用多院落组合，建筑全是粉墙黛瓦。皖南民居为两层以上的楼房，中间围合一个很小的天井，厅堂设在天井的北侧。厅堂与天井之间不设墙壁与门窗，属于开阔的空间。在厅堂的北侧，也就是后部是木质的太师壁，太师壁的两侧为不装门扇的门。太师壁的前面放置长几、八仙桌等家具。厅堂东西两侧，分别放置几组靠背椅与茶几。

徽州民居的特色有如下几点：一是村落选址符合天时、地利、人和，达到天人合一的境界。多建在

山之阳，依山傍水或引水入村，和山光水色融成一片；二是平面布局及空间处理紧凑自由、屋宇相连，以"四水归堂"的天井为单元，组成全户活动中心。一般民居为三开间，符合徽州人几代同堂的习俗；三是建筑形象突出的特征是白墙、青瓦、马头山墙、砖雕门楼、门罩、木构架、木门窗。内部穿斗式木构架围以高墙，正面多用水平型高墙封闭起来，两侧山墙做阶梯形的马头墙，黑白辉映；四是民居前后或侧旁，设有庭园，置石桌石凳，掘水井鱼池，植果木花卉，将人和自然融为一体。

徽州民居在建房时都很讲究风水，营建前须请风水先生。宅要合宅主生辰八字，若有相冲，就要作些偏转。宅中厨房的灶口与居家主妇的八字要相合。厢房分青龙边和白虎边，一般父母在世时居青龙边，父母过世后长子搬到青龙边住。厨房也宜设在青龙边。宅门的朝向具有一定灵活性，宅门对景十分重要。徽州村落居住密度较高，

房屋都挤在一起，难免会遇到风水相冲的时候，常见的处理有在正门上方挂镜子、写吞字，或在门外作屏墙、院内植树来抵挡。有的宅门所对稻田，作屏墙以聚视线，屏墙上多作福、禄、寿字。宅门开设还要避路口、桥头等，巷口被认为邪气容易侵入，以石镇之。

祠堂是徽州每个村落必有的建筑，一般都是由村中大姓族人出资兴建，是徽州人的礼仪和活动中心，是族内祭祖和放牌位的地方，一般分为总祠、支祠。祠堂还起着礼教的作用。祠堂是一村中首要建筑，因此最注重选址，关注风水。

牌坊是封建社会崇高荣誉的象征，是人们精神上的最高追求，有的旌表节妇烈女，有的旌表孝子义士，有的表彰官宦政绩，也是徽州民居的特色之一。另外村落中的亭、庙等也是和风水密切相关的公共建筑。最后值得一提的是：徽州民居很注意门楼、雨罩、门扇和窗户的雕饰，从而带来了美不胜收的徽州三雕艺术。木雕、砖雕多用于民居建筑，石雕多体现于祠堂和牌坊。木雕、砖雕、石雕艺术被誉为徽州三绝。木雕的题材广泛，山水名盛、奇花异草、四时瓜果、传奇故事、农桑耕作等无所不备。

侗族鼓楼与吊脚楼

侗族鼓楼是侗族特有的建筑艺术，是侗寨的标志，有"见到鼓楼，必是侗寨"之说。侗族民间有"建寨先楼"之说。侗寨把修建鼓楼是全寨所有人的共同荣誉和意愿，当作一件喜庆大事来看待，家家为此出钱出力。侗族的鼓楼是按族姓分别建造的，一个族姓一座鼓楼。鼓楼顶层悬挂一个长形细腰的牛皮大鼓，鼓楼因此得名。如遇兵

侗族鼓楼

匪骚乱劫掠，或发生寨火，族首便派人上楼击鼓求援。每逢节日，侗寨男女老幼便欢聚在鼓楼前"踩歌堂"或看侗戏。夏天，人们到鼓楼聊天乘凉；冬天，大家围坐在火炉边讲故事。鼓楼至今仍是侗家人议事、休息和娱乐的场所。

从外观上来看，侗族鼓楼的楼顶是连串葫芦形的顶尖，直刺苍穹。楼的尖顶处筑有葫芦或千年鹤，象征寨子吉祥平安，楼檐角突出翘起。侗族鼓楼中部是层层叠楼，形如宝塔的楼身。楼檐一般为四角、六角、八角，六角的俗称"六面倒水"，每一突出部分都有翘角，它的重檐层层叠叠，从上而下，一层比一层大。鼓楼底部多是正方形，四周有宽大结实的长凳，供人歇坐。中间是一个或方或圆的大火塘。从基本的轮廓和整体的形式上来说，鼓楼形态最显著的特点是在不脱离杉树原型的基础上，糅合汉族密檐多层佛塔的造型，形成"下大上小"的楼塔形。另外，鼓楼形态是高密度重檐叠加的楼体塔身，而且在重檐数上皆为单数。因为侗族把奇数视为吉祥。

在贵州黔东南、黔西南等地的苗族民居中，还有种颇具特色的楼房——吊脚楼。一般说来，吊脚楼的类型有：一是单吊式，又称为"一头吊""钥匙头"，特点是正屋一边的厢房伸出悬空，下面用木柱相撑；二是双吊式，又称为"双头吊""撮箕口"，即在正房的两头皆有吊出的厢房；三是四合水式。其特点是将正屋两头厢房吊脚楼部分的上部连成一体，形成一个

四合院。两厢房的楼下即为大门，这种四合院进大门后还必须上几步石阶，才能进到正屋；四是二屋吊式。即在一般吊脚楼上再加一层；五是平地起吊式。其特征是建在平坝中，按地形本不需要吊脚，却偏偏将厢房抬起，用木柱支撑。支撑用木柱所落地面和正屋地面平齐，使厢房高于正屋。

总的来说，吊脚楼依山而建，后半边靠岩着地，前半边以木柱支撑，楼屋用当地盛产的木材建成。木柱木墙木楼板，楼皆建于数米高的石保坎上，房架高6~7米，为歇

吊脚楼

山顶穿斗挑梁木架干栏式楼房，青瓦或杉木皮盖顶。楼分三层，因其二三楼和前檐用挑梁伸出屋基外坎，形成悬空吊脚，故称"吊脚楼"。吊脚楼有着丰厚的文化内涵，除建筑注重龙脉，依势而建和人神共处的神化现象外，还有着十分突出的空间宇宙化观念，从而使房屋、人与宇宙浑然一体。

高原上的藏族碉房

西藏的传统民居具有其独特的个性，而且形式多样，比如有藏南谷地的碉房、藏北牧区的帐房、雅鲁藏布江流域林区的木构建筑，以及阿里高原上的窑洞。西藏各地气候、地理、海拔之间的巨大差异在各地民居建筑上都得到了充分体现，因地制宜和经济实惠是西藏民居最显著的特点之一。帐篷主要流行于藏北牧区；木构建筑和半木构建筑主要流行于西藏东南部的林区。这一带气候温和，雨量充沛，为温带和亚热带地区气候，盛产木材，是西藏著名的林区。拉萨和后藏地区则主要流行土、石和木材混合结构的建筑。而平均海拔5000米以上的阿里地区，由于木材和石材相对匮乏，因此采用了以土坯和石材为主，结合木材的建筑式样。

藏族民居的墙体下厚上薄，外形下大上小，建筑平面都较为简洁，一般多方形平面，也有曲尺形的平面。因青藏高原山势起伏，建筑占地过大将会增加施工上的困难，故一般建筑平面上地面面积较小，而向空间发展。西藏那曲民居外形是方形略带曲尺形，中间设一小天井。内部精细隽永，外部风格雄健，高原的日光格外强烈，民居处于一片银色中，显得格外晶莹耀眼。藏族民居在处理住宅的外形上是很成功的。因为简单的方形或曲

藏族碉房

尺形平面,很难避免立面的单调,而木质的出挑却以轻巧与灵活和大面积厚宽沉重的石墙形成对比,既给人以沉重的感觉又使外形变化趋向于丰富。这种做法不仅着眼于功能问题而且兼顾了艺术效果,自成格调。

西藏民居最具代表性的是碉房。碉房是青藏高原以及内蒙部分地区常见的居住建筑形式。从《后汉书》的记载来看,汉元鼎六年(111年)前,就有碉房存在。这是一种用乱石垒砌或土筑的房屋,高有三至四层。底层养牲畜,楼上住人。因外观很像碉堡,故称为碉房,碉房的名称至少可追溯到清代乾隆年间。碉房多为石木结构,外形端庄稳固,风格古朴粗犷;外墙向上收缩,依山而建者,内坡仍为垂直。碉房一般以柱计算房间数。底层为牧畜圈和贮藏室,层高较低;二层为居住层,大间作堂屋、卧室、厨房、小间为储藏室或楼梯间。若有第三层,多作经堂、晒台之用。

新疆民居"阿以旺"

新疆属大陆性气候，昼夜温差大，素有"早穿皮袄午穿纱，晚围火炉吃西瓜"的说法。居民多信奉伊斯兰教，所以，这里的建筑受到当地文化的深刻影响。维族的传统民居以土坯建筑为主，多为带有地下室的单层或双层拱式平顶，农家还用土坯块砌成晾制葡萄干的镂空花墙的晾房。住宅一般分前后院，后院是饲养牲畜和积肥的场地，前院为生活起居的主要空间，院中引进渠水，栽植葡萄、杏等果木。院内有用土块砌成的拱式小梯通至屋顶。另外，为了在节日举行宗教仪式活动和接待亲友，每户居民通常都有一间上房，一般在西面，最少是两开间，常设内外两重门，房中有一个通长的大火坑，火坑对面的墙壁悬挂着古兰经字画或麦加圣地图画，便于老年人做礼拜。

新疆民居的结构虽以土坯墙为主，但不同地区在构造上还是有若干差别。例如，北疆的昌吉、伊犁地区，降雨量较多，民居土坯墙就多用砖石做基础和勒脚；天山南麓的焉耆地下水位高，人们就采用填高地面地基的做法，并在基础与墙身结合处铺一层苇箔做防潮层，以防土坯墙受到水的侵蚀；吐鲁番地区几乎终年无雨，墙体就全用土坯砌筑。新疆民居的屋盖多用土坯拱券，以满足夏季隔热冬季防寒的要求，阿以旺式住宅则用密梁平顶。受汉族文化影响较多的回族民居，多喜用内地木构架起脊的屋顶，平面布置也采取四合院、三合院形式，和汉族的住宅没有多大差别。

"阿以旺"是新疆维吾尔族住宅的常见形式，有三四百年的历史，是一种带有天窗的大厅。这种房屋连成一片，庭院在四周。带天窗的前室称"阿以旺"，又称"夏室"，有起居、会客等多种用途；后室称"冬室"，是卧室，通常不开窗。住宅的平面布局灵活，室内设多处壁龛，墙面大量使用石膏雕饰。"阿以旺"的结构形式采用土木结构，平屋顶，带外廊，中留井空采光，天窗高出屋面约40~80厘米，供起居、会客之用，后部做卧室，亦称冬室，各室也用井孔采光。其顶部在木梁上排木檩，厅内周边设土台，高40~50厘米，用于日常起居。室内壁龛甚多，用石膏花纹做装饰，龛内可放被褥或杂物，墙面喜用织物装饰。屋侧有庭院。信仰伊斯兰教的民族喜好清洁，重视沐浴，特别讲求水源的洁净，几乎每户都在庭院自打一口井。在建筑装饰方面，"阿以旺"多用虚实对比，重点点缀的手法，廊檐彩画、砖雕、木刻以及窗棂花饰，多为花草或几何图形；门窗口多为拱形；色彩则以白色和绿色为主调，表现出伊斯兰教的特有风格。

新疆民居"阿以旺"

天府之国的四川民居

　　四川民居是由远古的干栏式建筑演变而成的，整个民居分四个院落、前堂、后寝、厨房、望楼，功能分区明确，多为穿斗式、抬梁式结构，有撑拱、斗拱。四川现存民居，多为清代建造，分为大型庄园、廊院式、连排式、农舍、乡土民居等，其中以江安县夕佳山官宅、阆中古城民居、崇州杨玉春宅第（宫保府）、峨眉山徐宅等保存较好。夕佳山古民居坐落在江安县城东南周坝乡铜盆村，建筑群置立在一个蟹状山形的头部，座南朝北，南倚安远寨山脉，北临层层浅丘，四周森林竹木，粉墙黛瓦。夕佳山古民居是江安世弟黄应江于明代

四川民居

万历年间营建，1859年重建，清光绪年间及1930年又相继扩建。阆中古民居为四合院式和江南园林式建筑，平面构图对称，建筑形象秀丽隽逸，高墙围垣规整紧凑。院门内，大院套小院，天井连天井。富有代表性的是寿山寺院的孙家大院。四川道孚民居为藏族民居，以其独特的建筑风格和建筑艺术以及内设豪华、布局严谨而著称于世。

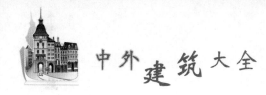
土家族的特色民居

土家族自称"毕兹卡",意为"土生土长的人"。2000多年前定居于湘西、鄂西一带,与其他少数民族一起,被称为"武陵蛮""五溪蛮"。宋代后,土家族被称为"土丁""土民";新中国成立后,定名为土家族。土家族有自己的语言,如今仅有湘西的龙山、永顺、古丈等县仍通用土家语。土家族特产有湘西的"金色桐油",鄂西的"坝漆"。土家族爱群居,爱住吊脚木楼,建房都是一村村,一寨寨的,很少单家独户。所建房屋多为木结构,小青瓦,花格窗,司檐悬空,木栏扶手,走马转角,古香古色。一般居家小庭院,院前有篱笆,院后有竹林,青石板铺路。总的来说,土家民居为干栏式样的建筑,如《辰州府志·风俗》中记载:"居民近市者多构层楼,上为居室,下贮货物,为贸易所。无步桐曲房,亦罕深遂至数重者。近日生齿繁盛,民居稠密,地值多倍蓰于十年前。山家依用结庐,傍崖为室,缚茅覆板,仅蔽风雨,设火床以代灶,昼则炊,夜则向火取暖。山深寒,年冬初即然"。接下来我们就来谈一谈土家族的特色民居。

土家住宅多为木房,由正屋、偏屋、木楼、朝门四部分组成。一般人家只有正房,小康人家有正屋、偏房和转角楼。豪门大户修四合大院,砌以院墙,四面封砖,俗叫封火桶子,个别还修有冲天楼、晒衣台。正屋规模有三柱四旗、三柱五旗、五柱八旗,多为四排三间,忌修单扇双间之屋。土家住宅的正屋中间为堂屋,以祭祖先、迎宾客、婚丧等重大活动之用;左右两间叫住房,前房为火铺,为聚餐

向火议事之用，后房为卧室。堂屋后面有过道房，俗称抱兜房。偏房称磨角，又叫马屁股、刷子屋，连接于正屋的左右边，作灶房、碓磨房。一般是右边配偏房，安放灶房、柴房和牛栏、猪圈；左边配厢房、楼子。楼子下安排碓磨和粮仓，上作书房或闺女的绣房。楼子吊脚，无坎则柱与正屋齐，只在二楼走廊上吊些假柱头。别有特色的土家转角楼，又叫走马转角楼，由于女儿住转角楼，故又叫绣花楼、姑娘楼。转角楼建于正屋的左前或右前，也有正屋左右都起转角楼的。转角楼一般为三排两间，上下两层，上为人间，下为厢房、仓库或碓磨房。转角楼挨正屋一边，有悬空走廊，转至外沿当头，当头两边上端，妙廊翘起。

值得一提的是，土家民居的形式十分多样。比如，土家单体民居按进深分为三柱二旗、三柱四旗、三柱五旗、三柱六旗、三柱七旗、四柱五旗、四柱六旗、四柱七旗、四柱八旗、五柱七旗、五柱八旗、六柱六旗、七柱十二旗；按材料则分为瓦屋、岩屋、茅屋、泥屋。其中，瓦屋是采用圆木为柱，方木为枋，木板为壁，檩子、椽角、泥瓦为盖的居室；岩屋是采用圆木为柱，方木为枋，四周用岩石砌墙为壁的居室或尽用岩石砌墙为壁的居室；茅屋是采用圆木为柱，檩条为枋构架，木条或竹为椽，上盖茅草或稻草，四周用木条、细竹为壁的居室；泥屋是采用圆木为柱，檩条为枋构架，上盖茅草或稻草，用细木条，山竹为壁，在竹壁上封青膏或黄土泥而成的居室。

土家合体居室的形式则有转角

土家民居

楼、四水屋、窨子屋、冲天楼，其表现形式有二合水、三合水、四合水之别。其中，转角楼的表现形式有二合水、三合水。为二合水时，主家在正房的左或右修建转角楼，一般为两层。为三合水时，或左修转角楼，右修厢房；或右修转角楼，左修厢房。厢房后配磨角，一层为猪圈、牛栏、仓库、碓磨房。二层居住，或为客房，或为女闺房；四水屋的表现形式为四合水，前后有两栋主体建筑，左右两侧用厢房将两栋主体建筑连接。四水屋有前后两个堂屋，前堂屋发挥过道作用，后堂正中设天井，天井一角掘有阴沟。后堂屋一般高于前堂屋4～7个台阶；窨子屋是土家人为防盗、防风防寒将居所用石、砖砌墙而形成的院落式的民居形式，院内建筑或为单体民居，或为转角楼，或为四水屋；冲天楼是土家民居的集大成者，房基前低后高，房身前高后低，有前后两个堂屋，左右两个分区。左右侧、后部配有若干厢房、磨角（龙眼）、拖步。冲天楼上有设计完美的雨水槽排系统，匠心独具。

水上民居"舟居"

广东增城瓜岭古村寨是典型的岭南水乡风格，是广州唯一建在水上的清代建筑民居，是著名的水上"舟居"，已有500多年的历史。古村寨中的水道、荔枝林、碉楼、祠堂、民居的布局，在战乱时代有战略意义，水道环绕全村，起到护村的作用。岸边有全村最高的建筑碉楼，可以观察远方的敌人。对岸的荔枝林，相当茂密。民居在村的最中央，祠堂以及大型的建筑成一字摆开在水道的岸边，能防御外敌入侵，起到保护村民的作用。

第五章

多彩的世界建筑艺术

建筑史是指建筑物的历史或对建筑历史的研究，建筑史的主要研究内容是建筑风格的演变。在人类文明历史中，建筑对于文明的发展和社会形态的形成有着直接的反映或影响。世界古代建筑史的研究对象包括古埃及、古希腊、古罗马等时期的建筑，以及欧洲建筑风格、中东建筑风格、远东建筑风格、非洲建筑、玛雅建筑、印度建筑等。从世界建筑艺术体系来说，除中国自成体系的建筑体系外，其他的建筑文化还可细分为古埃及建筑、亚述建筑、巴比伦建筑、伊特鲁里亚建筑、克里特建筑、迈锡尼建筑、波斯建筑、苏美建筑。尤其是欧美西方建筑，其不仅经历了诸如从古典主义到折衷主义的艺术风格的变迁，而且其共同的根源是古希腊、古罗马的建筑文化。由于生活方式的不同，古希腊、古罗马的建筑和城市规划，与埃及、波斯是非常不同的。由于崇尚宗教神秘主义，因而古希腊时期的神秘宗教文化转化为实体文化寺庙和宫殿。另外由于对辩论、逻辑与戏剧等世俗生活的注重，也形成了许多由公共建筑围拢的露天场所。古希腊、古罗马的所有寺庙都选在山上，以便更好地接触天堂。

　　本章以简述的风格，对整个世界建筑艺术历史上富有代表性、具有重要影响力的建筑类型、建筑风格、建筑作品等作出简介，以便于读者了解中国古典建筑体系之外的人类建筑文化。

古埃及的建筑艺术

古埃及是世界文明的发源地。古埃及建筑可以分为三个主要时期：一是古王国时期的建筑，以金字塔为代表。此时的建筑特点是用庞大的规模、简洁沉稳的几何形体、明确的对称轴线、纵深的空间布局来体现建筑的雄伟、庄严与神秘；二是中王国时期的建筑，以石窟陵墓为代表。此时的建筑特点是采用梁柱结构，建造较宽敞的内部空间；三是新王国时期的建筑，以神庙为代表。此时的建筑特点是建筑的格局一般由围有柱廊的内庭院、接受臣民朝拜的大柱厅和只许法老和僧侣进入的神堂密室 3 部分组成。古埃及的建筑艺术代表作有卡纳克和卢克索的阿蒙神庙，以及金字塔、曼都赫特普三世陵墓。下面我们就来介绍金字塔、曼都赫特普三世陵墓。

金字塔是古埃及国王为自己修建的陵墓，是埃及古代方锥形帝王陵墓，数量众多，主要集中在开罗西南的尼罗河西古城孟菲斯一带。目前，埃及共发现金字塔96座，最大的金字塔是第四王朝第二个国王胡夫的陵墓。建于公元前2690年，现高136.5米，底座每边长230多米，三角面斜度52度，塔底面积5.29万平方米；塔身由230万块石头砌成，每块石头平均重2.5吨。第二座金字塔是胡夫的儿子哈佛拉国王的陵墓，建于公元前2650年，现高为133.5米，塔前建有庙宇和著名的狮身人面像。狮身人面像的面部参照哈佛拉塑造，身体为狮子，高22米，长57米，整个雕象除狮爪外，全部由一块天然岩石雕成。第三座金字塔是胡夫的孙子门卡乌拉国王，建于公元前2600年，当时正

金字塔

是第四王朝衰落时期。门卡乌拉金字塔的高度只有66米，内部结构倒塌。这三座金字塔的斜度都是52°，每一石块密密相连，连刀尖也插不进，十分严密。

中王朝时期，古埃及首都迁到上埃及的底比斯。此处峡谷很窄，两侧悬崖峭壁。在这里，皇帝们大多在山崖上凿石窟作为陵墓。公元前2000年，曼都赫特普三世陵墓开创了古代埃及新的陵墓形制。一进入墓区的大门，是一条两侧密排着狮身人面首像的石板路，长约1200米，然后是一个大广场，当中沿路两旁排列着皇帝的雕像。由长长的坡道登上一层平台，平台前缘的壁前镶着柱廊。平台中央有一座不大的金字塔，紧靠它正面和两侧造着柱廊。它后面是一个院落，四面有柱廊环绕。在后面是一个有80

根柱子的大厅，由它进入小小的圣堂，它凿在山崖里。山崖顶部轮廓平平，陵墓柱廊是方形的。总之，曼都赫特普三世陵墓有严正的纵轴线，十分重视对称构图。雕像和建筑物、院落和大厅，均作纵身序列布置。

著名建筑大师梁思成

梁思成，著名建筑历史学家、建筑教育家、建筑师，中国建筑教育的奠基人，中国古建筑研究的先驱者，中国古建筑和文物保护工作的倡导者，新中国首都城市规划工作的推动者，广东新会人。梁思成热爱中国传统文化，和夫人林徽因一起实地测绘调研中国古代建筑，对《营造法式》《工部工程做法》等中国建筑古籍进行了深入研究，为中国建筑史学奠定了基础。梁先生认为："研究古建筑，非作遗物之实地调查测绘不可"，他强忍着病痛，坚持实地考察，并完成《中国建筑史》巨著。20世纪50年代，梁思成因提倡保护北京古城而遭到批判。梁思成主要建筑作品有吉林大学礼堂和教学楼、地安门内双子楼、北京大学女生宿舍、鉴真和尚纪念堂等；曾参加天安门人民英雄纪念碑的设计和中华人民共和国国徽的设计。主要著作有《清式营造则例》《宋营造法式》《中国建筑史》《中国艺术雕塑篇》《中国雕塑史》。

中外建筑大全

古西亚的建筑艺术

古西亚建筑是指由幼发拉底河和底格里斯河所孕育的美索不达米亚平原的建筑。在建筑艺术史上，古西亚人为自己信仰的神建立了雄伟的神庙，如位于乌尔的观星台、著名的空中花园等。古西亚的建筑成就还在于创造了以土为基础原料的结构体系和装饰方法，另外发展了券拱和穹窿结构。随后又创造了可用于装饰墙面的面砖和彩色琉璃砖，这些是使建筑材料构造和造型艺术有机结合的成就，对拜占庭建筑和伊斯兰教建筑产生了很大的影响。下面我们就来谈一谈古西亚建筑艺术的顶级作品——巴比伦空中花园。

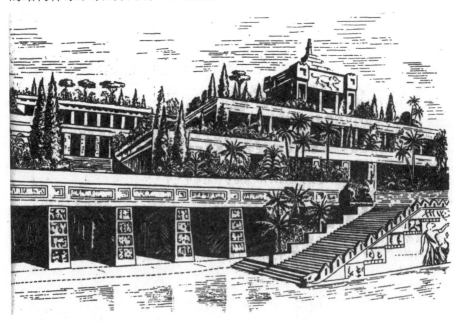

古巴比伦空中花园

战胜了亚述的迦勒底人在巴比伦建立了新巴比伦王国。新巴比伦国王尼布甲尼撒，把首都巴比伦城建成一座堡垒般的城市。城市是方形的，每边长22.2千米。围绕城市的城墙大约有8.5米高，是用砖砌和油漆浇灌而成的。全城有100扇用铜做成的城门。城墙周围还有很深的护城河。幼发拉底河从城墙下流进来，穿城而过。巴比伦城里还有一座很大的皇宫，皇宫内修建了"空中花园"。国王尼布甲尼撒于公元前605—前562年在位，此时巴比伦的国力最为强大。他率兵攻打叙利亚、出兵巴勒斯坦、夺占耶路撒冷、灭掉犹太王国、强迫犹太人迁居巴比伦当奴隶，成为"巴比伦之囚"。尼布甲尼撒死后，国内政局动荡起来，6年中8个国王被废，其中两个被杀。公元前538年，新巴比伦王国灭亡。巴比伦的繁华、巴比伦的奇迹、巴比伦的高墙铜门和它的"空中花园"，都变成了荒丘废土。

一提到巴比伦文明，令人津津乐道、浮想联翩的首先是"空中花园"，被誉为世界八大奇迹之一。"空中花园"又称"悬园"。其采用立体造园手法，将花园放在四层平台之上，由沥青及砖块建成，平台由25米高的柱子支撑，并且有灌溉系统，奴隶不停地推动连系着齿轮的把手。园中种植各种花草树木，远看犹如花园悬在半空中。关于"空中花园"有一个美丽动人的传说。据说，新巴比伦国王尼布甲尼撒二世娶了米底的公主米梯斯为王后。公主美丽可人，深得国王宠爱。可是时间一长，公主愁容渐生。尼布甲尼撒不知何故。公主说："我的家乡米底山峦叠翠，花草丛生。而这里是一望无际的巴比伦平原，连个小山丘都找不到，我多么渴望能再见到我们家乡的山岭和盘山小道啊！"原来公主得了思乡病。于是，尼布甲尼撒二世令工匠按照米底山区的景色，在宫殿里建造了层层叠叠的阶梯型花园，上面栽满了奇花异草，并在园中开辟了幽静的山间小道，小道旁是潺潺流水。工匠们还在花园中央修建了一座城楼，矗立在空中。由于花园比宫墙还要高，给人感觉像是整个御花园悬挂在空中，因此被称为"空中花园"。早在公元2世纪，希腊学者就把"空中花园"列为"世界七大奇观"之一。

令人遗憾的是，"空中花园"和巴比伦文明一样，早已湮没在黄沙中。要了解它，只能通过历史记载和考古发掘。19世纪末，德国考古学家发掘出巴比伦城遗址。在发掘南宫苑时，在东北角挖掘出一个不寻常的、半地下的、近似长方形的建筑物，面积约1260平方米。这个建筑物由两排小屋组成，每个小屋平均只有6.6平方米。两排小屋由一走廊分开，对称布局，周围被高而宽厚的围墙所环绕。西边那排的一间小屋中发现了一口开了三个水槽的水井，一个是正方形的，两个是椭圆形的。考古学家认为这个地方很可能就是传说中的"空中花园"的遗址。当年巴比伦人用土铺垫在这些小屋坚固的拱顶上，层层加高，栽种花木。至于灌溉用水则是依靠地下小屋中的压水机源源不断供应。考古学家在遗址里还发现了大量种植花木痕迹。然而，到目前为止，在所发现的巴比伦楔形文字的泥版文书中，还没有找到确切的有关"空中花园"的文献记载。

建筑知识小点萃

著名建筑大师贝聿铭

贝聿铭，美籍华人建筑师，现代主义建筑大师，注重抽象形式的建筑师。贝聿铭喜好的材料包括石材、混凝土、玻璃和钢，被称为"美国历史

上前所未有的最优秀的建筑家"。1917年4月26日贝聿铭生于广州，父亲贝祖始曾任中国银行行长。1935年进入美国宾夕法尼亚洲立大学攻读建筑系。1948年担任韦伯纳普建筑公司的建筑研究部主任。1983年，他获得建筑界"诺贝尔奖"——普里茨克建筑奖，与法国华人画家赵无极、美籍华人作曲家周文中，被誉为海外华人的"艺术三宝"。

贝聿铭设计的建筑作品有麻省理工学院科学大楼、纽约大学员工住宅大厦、美国全国大气层研究中心、纽约富兰克林国家银行、镇心广场住宅区、夏威夷东西文化中心、肯尼迪纪念图书馆、费城社会岭住宅社区、BM公司入口大厅、香港中国银行中庭、纽约赛奈医院古根汉馆、巴

麻省理工学院科学大楼

黎卢浮宫的玻璃金字塔与比华利山庄创意艺人经济中心等。贝聿铭的建筑作品，一方面采用混凝土，充分掌握了混凝土的性质，作品趋向雕塑感；一方面着重创造社区意识与社区空间。与此同时，融合自然的空间观念，主导着贝氏建筑。如全国大气研究中心、伊弗森美术馆、康乃尔大学姜森美术馆等，这些作品的共同点是内庭将内外空间串连，使自然融于建筑。"让光线来作设计"是贝聿铭的名言。

古希腊的建筑艺术

自公元前1200年到公元前7世纪间的希腊建筑已不复存在，公元前8世纪—公元前6世纪的古希腊建筑物都是用木材、泥砖、黏土建造的。常见的古希腊建筑材料都是木材，用来支撑和当作屋梁，特别是用于民宅。而石灰岩、大理石，则用来做寺庙和公共建筑的柱子、墙壁和上半部分的建筑材料。陶瓦用做屋瓦和装饰，金属特别是青铜，被用在装饰的细节部分。古希腊的建筑分为宗教、公共、民生、丧葬、休憩五种。古希腊建筑分为古风时期、伯里克利时代、古典时期，以及后来处于罗马的希腊化时代和古罗马时期。神庙是最普遍而且最为人所知的希腊公共建筑。希腊人使用的建筑结构包括圆顶、圆形建筑，如位于德尔斐供奉雅典娜的泰奥多勒斯圆形建筑。古希腊的著名建筑有雅典古集市、帕特农神庙、阿波罗神庙、古希腊剧场。

古希腊建筑的特点主要有：一是平面构成为1：2的矩形，中央

是厅堂、大殿，周围是柱子，统称为环柱式建筑；二是柱式的定型。共有陶立克柱式、爱奥尼克柱式、科林斯式柱式、女郎雕像柱式四种柱式。柱式的发展对古希腊建筑的结构起了决定性的作用，并且对后来的古罗马、欧洲的建筑风格产生重大影响；三是建筑的双面披坡屋顶形成了建筑前后的山花墙装饰手法，有圆雕、高浮雕、浅浮雕；四是产生了崇尚人体美与数的和谐。古希腊人崇尚人体美，认为人体的比例是最完美的，因而建筑物须按照人体各部分的式样制定严格比例。所以，古希腊建筑的比例与规范，都以人为尺度，以人体美为其风格的根本依据；五是建筑与装饰均雕刻化。希腊的建筑与希腊雕刻是紧紧结合在一起的。可以说，希腊建筑就是用石材雕刻出来的艺术

帕特农神庙

品，雕刻是古希腊建筑的重要组成部分，是雕刻创造了完美的古希腊建筑艺术。

如今，古希腊现存的建筑物遗址主要是神殿、剧场、竞技场等公共建筑，其中以神殿最能代表古希腊建筑的风貌。古希腊人认为，神也是人，只是神比普通人更加完美，他们认为供给神居住的地方也不过是比普通人更加高级的住宅。所以，希腊最早的神殿建筑只是贵族居住的长方形有门廊的建筑，后来加入柱式，由早期的"端柱门廊式"逐步发展到"前廊式"，即神殿前面门廊是由四根圆柱组成，以后又发展到"前后廊式"，到公元前6世纪，前后廊式又演变为希腊神殿建筑的标准形式——围柱式，即长方形神殿四周均用柱廊环绕起来。希腊神殿建筑总的风格是庄重典雅。下面我们来介绍一下古希腊建筑的代表作帕特农神庙。

帕特农神庙始建于公元前447年，是为了在帕那太耐节中供奉雅典娜而建造。帕那太耐节是雅典重要节日，节日期间常举行体育竞技、歌舞活动和巡行。巡行活动中最有特色的是：一件由雅典城少女织成的羊毛长袍被挂在一艘船的主桅杆上，船被抬在牛车上，这样缓缓移向神庙，羊毛长袍最后被奉献给雅典娜。接着是祭祀活动，献给女神的是牛或羊。帕特农神庙是希腊全盛时期建筑与雕刻的代表，有"希腊国宝"之称。1458年土耳其人占领雅典后将神庙改为清真寺。1687年威尼斯人与土耳其人作战时，炮火炸毁了神庙中部。1801—1803年，英国埃尔金勋爵将大部分残留的神庙雕刻偷走。如今许多原属神庙的古物，散落在不列颠博物馆、卢浮宫、哥本哈根等地。神庙现仅留有一座石柱林立的外壳。

帕特农神庙背西朝东，耸立于3层台阶上，玉阶巨柱，蔚为壮观。整个庙宇由凿有凹槽的46根大

理石柱环绕。柱间用大理石砌成的92堵殿墙上，雕刻着栩栩如生的各种神像和珍禽异兽。帕特农神庙的设计采取八柱的多立克式，东西两面是8根柱子，南北两侧则是17根，东西宽31米，南北长70米。东西两立面山墙的顶部距离地面19米，立面高与宽的比例为19∶31，接近希腊人喜爱的"黄金分割比"，柱高10.5米，柱底直径近2米，即其高宽比超过了5。帕特农神庙的前厅安置着黄金象牙雕的雅典娜巨像，高达12米。为配合这尊巨像，前厅用两层多利亚的柱列围绕巨像的左右和后方。上承屋顶，旁开空廊，更衬托出巨像的高大。像之前方直到大门为一片空白，不置任何杂物。在靠近巨像基座处挖出一个长方形水池，利用池中之水反射从大门而来的阳光，使金光闪烁的巨像更显得富丽堂皇。和前厅隔开的后库用来存放雅典海上同盟各邦交纳的贡金。神庙有两个主殿：祭殿和女神殿。从神庙前门可进祭殿，踏后门可入女神殿。东边的人字墙上镌刻着智慧女神雅典娜从万神之王宙斯头里诞生的生动图案；在西边的人字墙上雕绘着雅典娜与海神波塞冬争当雅典守护神的场面。雅典娜是雅典的守护神，希腊首都雅典就是以雅典娜的名字命名的。

古罗马的建筑艺术

古罗马建筑在公元1至3世纪为极盛时期，达到西方古代建筑的高峰。公元4世纪下半叶起渐趋衰落。15世纪后，古罗马建筑在欧洲重新成为学习的范例，一直持续到20世纪20～30年代。古罗马建筑在明代末年开始传入中国，传入的古罗马建筑文献有意大利传教士利玛窦带来的《罗马古城舆图》、传教士阿莱尼带来的《广舆图说》，以及维特鲁威的《建筑十书》。不过，古罗马建筑对中国建筑没有产生多大影响。古罗马建筑的类型有罗马万神庙等宗教建筑，有皇宫、剧场、角斗场、浴场、广场、会堂等公共建筑；还有内庭式、内庭式

罗马斗兽场

与围柱式院相结合、四五层公寓式等式样的住宅。古罗马建筑的著名作品有罗马别墅、罗马广场、竞技场、罗马斗兽场、万神庙、凯旋门、水道工程等。

古罗马建筑是古罗马人沿习亚平宁半岛上伊特鲁里亚人的建筑技术，继承古希腊建筑成就，在建筑形制、技术和艺术方面广泛创新的一种建筑风格。古罗马建筑一般以厚实的砖石墙、半圆形拱券、逐层挑出的门框装饰和交叉拱顶结构为主要特点。古罗马建筑的形制相当成熟，如罗马帝国各地的大型剧场，观众席平面呈半圆形，逐排升起，以纵过道为主、横过道为辅。观众按票号从不同的入口、楼梯，到达各区座位。舞台高起，前面有乐池，后面是化妆楼，化妆楼的立面便是舞台的背景，两端向前凸出，形成台口的雏形，已与现代大型演出性建筑物的基本形制相似。古罗马建筑能具有多样的实用功

能，主要依靠拱券结构，以获得宽阔的内部空间。总之，古罗马建筑风格雄浑凝重、构图和谐统一、形式多样。

古罗马建筑的代表作是凯旋门。凯旋门是欧洲纪念战争胜利的一种建筑，始建于古罗马时期，当时统治者以此炫耀自己的功绩。后为欧洲其他国家所效仿。常建在城市主要街道中或广场上。用石块砌筑，形似门楼，有一个或三个拱券门洞，上刻宣扬统治者战绩的浮雕。著名凯旋门有提图斯凯旋门，是罗马帝国提图斯皇帝为纪念镇压犹太人的胜利而建立。建于公元82年，高14.4米，宽13.3米，厚6米，上面装饰有浮雕。另一个就是法国巴黎凯旋门，位于巴黎戴高乐星形广场的中央，面对香榭丽舍大街，是法国皇帝拿破仑为纪念奥斯特利茨战争的胜利而建立，为单一拱形门，高50米，宽45米，厚23米。门内墙壁上镌刻着曾跟随拿破仑征战

凯旋门

的386位将军的名字。门上有描写历次重大战役的浮雕，主要的四幅是正面的《出征》《凯旋》与背面的《抵抗》《和平》。为了纪念第一次世界大战中为国捐躯的法国官兵，1920年11月11日在凯旋门下增设了无名烈士墓，墓上点着永不熄灭的天然气长明灯。在停战纪念日等重大节日时，法国总统会在此为阵亡的法国烈士敬献鲜花、默哀悼念。每年7月14日法国国庆节的阅兵队伍都是从凯旋门开始的。

具体来说，巴黎凯旋门由三个拱形组成，形成了四通八达的四扇门。凯旋门中心拱顶内装饰着111块宣扬拿破仑赫赫战功的上百场战役的浮雕，它们与拱门四脚上美轮美奂的巨型浮雕相映成辉。在面向香榭丽舍田园大道的门楣上有两个著名的花饰浮雕：右侧是"志愿军出发远征"即著名的"马赛曲";左侧是"拿破仑凯旋归来"。在面向万军林荫大道的门楣上的是"抵抗运动"和"和平之歌"大型浮雕。这些巨型浮雕分别讲述了拿破仑时期法国的奥斯特利茨战役、马赫索将军的葬礼、攻占阿莱克桑德里、热玛卑斯战役、强渡阿赫高乐大桥、阿布奇战役等重要历史事件。凯旋门门楣上还刻有由拿破仑指挥的所有大型战役的名字及法国革命战争的名字。凯旋门内部还刻有558位拿破仑帝国时代英雄的名字。

拜占庭式建筑艺术

拜占庭帝国,又称东罗马帝国,位于欧洲东部,曾包括亚洲西部和非洲北部,是古代和中世纪欧洲历史最悠久的君主制国家,共历经12个朝代,93位皇帝。帝国的首都为新罗马,即君士坦丁堡。色雷斯、希腊和小亚细亚西部是帝国的核心地区;如今的土耳其、希腊、保加利亚、马其顿、阿尔巴尼亚从4世纪至13世纪,均是帝国领土的主要组成部分;另外还包括意大利、南斯拉夫大部、西班牙南部、叙利亚、巴勒斯坦、埃及、利比亚和突尼斯。330年君士坦丁大帝建立新罗马,罗马帝国政治中心东移,是拜占庭帝国成立的标志。拜占庭帝国原本为罗马帝国的东半部,但与西罗马帝国分裂后,逐渐发展为以希腊文化、希腊语和东正教为立国基础的新国家。拜占廷帝国保存下来的古典希腊和罗马史料,以及理性的哲学思想,为中世纪欧洲突破天主教神权束缚提供了最直接的动力,引发了文艺复兴运动。1453年,奥斯曼土耳其帝国攻陷君士坦丁堡,拜占庭帝国灭亡。

拜占庭式建筑，指的是拜占庭帝国时期的建筑风格。其在古罗马巴西利卡式的基础上，融合了东方的波斯、两河流域、叙利亚等地的建筑艺术，形成新的风格。拜占庭式建筑对东欧建筑和伊斯兰教建筑有很大影响。拜占庭式建筑分为三个时期：一是前期（4~6世纪），主要是模仿古罗马风格，代表作是圣索菲亚大教堂。二是中期（7~12世纪），由于外敌相继入侵，国土缩小，建筑规模不如前。建筑特点是占地少而向高处发展，中央大穹隆改为几个小穹隆群，着重于装饰，如威尼斯的圣马可教堂。三是后期（13~15世纪），建筑处于衰落时期。拜占庭式建筑的特点：一是圆形穹顶。其穹隅是指拱顶之间形成的三角形球面。穹隅的发明使得方形基座上可以搭建巨大的圆形

哈尔滨的圣·索菲亚教堂

穹顶，这是建筑史上的伟大发明；二是平面结构呈现辐射式圆形或正十字形；三是装饰有东方风格的壁画、镶嵌画，以金色调为主，色彩绚丽；四是建筑物中的柱头呈倒方锥形，刻有植物或动物图案，富于装饰性。拜占庭式建筑的代表作有威尼斯圣马可教堂、莫斯科的华西里·柏拉仁诺教堂、哈尔滨的圣·索菲亚教堂。下面我们就来介绍拜占庭式建筑的代表作萨洛尼基建筑群、圣马可大教堂。

萨洛尼基最早建于马其顿帝国时期，基督教遗址中多是长方形和十字形教堂。萨洛尼基位于希腊北部萨洛尼基省，是罗马文化、拜占庭文化所留下的遗迹之城，是世界上保存第二完好的拜占庭城市。这座城市有许多著名的教堂，大多建于公元4世纪到15世纪，其中最著名的有古代城墙、拜占庭浴室、圣凯瑟琳教堂、圣潘梯蒙教堂和索菲亚教堂。现存古城墙长约4千米，最高

处10米，宽约2.5米，砖石筑成。拜占庭浴室由门厅可直接进入左右两个由穹顶覆盖的热浴室，浴池下设置火炕供暖系统。圣凯瑟琳教堂建于1320—1330年，它的五个圆顶显示出拜占庭教堂的特色。建筑平面为十字形，外部采用拱门和贝壳形装饰，中部祈祷室覆盖以花瓣形的房顶，周围有回廊。教堂的半圆形后殿、屋顶和拱廊中饰有绘画。圣潘梯蒙教堂建于13世纪下半叶，平面为十字形，内部设有回廊，教堂内保存有拜占庭时期的壁画。

圣马可大教堂，又称为金色大教堂，位于威尼斯市中心的圣马可广场，始建于829年，重建于1043—1071年，曾是中世纪欧洲最大的教堂，是第四次十字军东征的出发地。教堂建筑遵循拜占庭风格，呈希腊十字形，上覆5座半球形圆顶，为融拜占庭式、哥特式、伊斯兰式、文艺复兴式各种流派于一体的艺术杰作。圣马可教堂原为一座拜

占庭式建筑，15世纪加入哥特式装饰，如尖拱门；17世纪加入文艺复兴时期装饰，如栏杆。从外观上，它的五座圆顶来自土耳其伊斯坦丁堡的圣索菲亚教堂；正面的华丽装饰源自拜占庭的风格；整座教堂的结构呈现出希腊式的十字形设计。圣马可大教堂正面长51.8米，有5座棱拱型罗马式大门。顶部有东方式与哥特式尖塔及各种大理石塑像、浮雕与花形图案。大教堂内外有400根大理石柱子，内外有4000平米面积的马赛克镶嵌画。

圣马可大教堂因埋葬了耶稣门徒圣马可而得名。圣马可是圣经《马可福音》的作者，被威尼斯人奉为护城神，坐骑是狮子。圣马可大教堂中间大门的穹顶阳台上，耸

圣马可大教堂

立着手持《马可福音》的圣马可雕像，6尊飞翔的天使簇拥在雕像下。入口处的上部有4座青铜马像。在入口的拱门上方则是五幅描述圣马可事绩的镶嵌画，分别是"从君士坦丁堡运回圣马可遗体""遗体到达威尼斯""最后的审判""圣马可神话礼赞""圣马可进入圣马可教堂"。教堂的内部，从地板、墙壁到天花板上，都是细致的镶嵌画作，主题涵盖十二使徒的布道、基督受难、基督与先知以及圣人的肖像。教堂内殿中间最后方是黄金祭坛，祭坛之下是圣徒马可的坟墓。祭坛后方置有高1.4米、宽3.48米的金色围屏，屏面上有80多幅描绘耶稣、圣母、门徒马可行事的瓷片，在这个画面上共用2500多颗的钻石、红绿宝石、珍珠、黄玉、祖母绿和紫水晶等珠宝装饰。

中国古代建筑名著之《黄帝宅经》

从现有资料看，许多人撰写过宅经，如黄帝的《宅经》、文王的《宅经》、孔子的《宅经》、刘根的《宅经》、玄女的《宅经》、司马天师的《宅经》、淮南子的《宅经》、王微的《宅经》、司马最的《宅经》、刘晋平的《宅经》、张子毫的《宅经》、李淳风的《宅经》、吕才的《宅经》，此外还有以"地典、三元、天老、八卦、五兆、玄悟、六十四卦、右盘龙、飞阴乱伏、刁昙"等称呼的《宅经》，这些宅经都已失传。《宅经》又名《黄帝宅经》，是我国现存最早的住宅风水书，强调修建宅屋要先选择好方位、方向、破土动工的时间，以求阴阳相得。此书开篇就大讲宅的重要性："夫宅者，乃是阴阳之枢纽，人伦之轨模。纵然客居一室之中，亦有善恶，大者大说，小者小论，犯者有灾，镇而祸止。故宅者人之本，人以宅为家，居若安，即家代昌吉，若不安，即门族衰微，坟墓、川冈并同。"总之，本书十分重视中国传统风水学在住宅建筑上的运用，对阳宅、阴宅建筑均有指导作用。

欧洲的罗马风建筑

罗马风建筑，又称罗曼式建筑、罗马式建筑、似罗马建筑，是10世纪晚期到12世纪初欧洲的建筑风格，因采用古罗马式的券、拱而得名。罗马风建筑艺术是西方中古建筑艺术之一。公元8世纪末，法兰克王国查利大帝统治的加洛林王朝，在文化上形成了"加洛林文艺复兴文化"，实际上是古罗马文化和基督教文化的结合，这种结合被称为"罗马风"。罗马风建筑艺术的核心艺术色彩有：在长方形平面基础上，祭坛前的平面向两翼扩展，形成拉丁十字式的平面形象；一般内部为圆柱形柱廊，圆柱粗大，柱上部是半圆形连续拱券，都是拉得很长的圆拱门窗；墙面大于门窗面积，整个建筑形体比古罗马建筑高直。罗马风建筑艺术从9世纪到13世纪初，在西欧延续时间长达400年之久。

罗马风建筑多见于修道院、教堂，对后来的哥特式建筑影响很大。欧洲的罗马风建筑的特点有：一是拱顶主要是肋骨式筒形拱顶，也有尖肋拱顶、半圆型拱；二是平

面由横殿和长方形教堂相交而构成拉丁十字形；三是在建筑物西面的入口处有两座塔形钟楼，尖顶或平顶；四是墙体巨大而厚实，为了增加对墙体的支撑力而建有扶壁。门为拱门形式，门楣的半圆形空间覆

有小圆窗、连拱廊。

德国亚琛主教座堂中的"帕拉丁礼拜堂"是早期罗曼式建筑的代表，是查理曼时代留下来的唯一一座建筑，建成于800—805年。在法国，罗马风建筑的代表作是法国孔克的圣福

比萨大教堂

盖着浮雕，并有多层拱顶曲面。门中央以间柱支撑，间柱在科林斯柱式的基础上采用浮雕柱饰。另外还

瓦修道院，于1120年建成。另外还有意大利佛罗伦萨的圣米尼亚托教堂、比萨大教堂、比萨的奇迹广场建筑

群、德国施派尔主教座堂（是目前世界上存留最大的罗曼式教堂建筑）、法国卡昂的圣斯德望教堂。下面我们就来介绍罗马风建筑艺术的典型代表——比萨大教堂。

比萨大教堂从1068年开始建设。比萨大教堂正立面高约32米，底层入口处有三扇大铜门，上有描写圣母和耶稣生平事迹的各种雕像。大门上方是几层连列券柱廊，以带细长圆柱的精美拱圈为标准逐层堆叠为长方形、梯形和三角形，布满整个正面。教堂外墙是用红白相间的大理石砌成。教堂前约60米处是一座洗礼堂，洗礼堂为圆形，直径为39米，总高54米，圆顶上立有3.3米高的施洗约翰铜像。教堂的门被称为是意大利罗马风格雕塑的代表作。纵深100米的内部用白、黑的条文图案装饰。讲教坛由6根柱子和5根有雕刻装饰的支柱支撑。洗礼堂内有雕塑《诞生》，主题是耶稣降生时的情景。画面中圣母玛利亚侧卧其间，下面的羊群示意耶稣降生是来救赎民众，即迷途的羔羊。比萨大教堂的钟楼是圆形的，其墙面用大理石或石灰石砌成深浅两种白色带，半露方柱的拱门、拱廊中的雕刻大门、长菱形的花格平顶、拱廊上方的墙面对阳光的照射形成光亮面和遮荫面的强烈反差。总体上看，比萨大教堂、洗礼堂和钟楼之间形成了视觉上的连续性。

建筑知识小点苹

中国古代建筑名著之《营造法式》

《营造法式》是中国现存最早、内容最丰富的建筑学著作，由北宋将

作少监李诫奉令编修。《法式》的内容以官式建筑的高档类为主，目的是在人力、财力、物力都很困难，而且统治阶级的要求日趋铺张豪华的相互矛盾的情况下，力图防止贪污浪费，同时保证设计、材料和施工的质量，以满足统治阶级的需要。《营造法式》全书分为四部分：一"名例"，即规范和解释建筑术语；二"制度"，即指出泥作、瓦作、木作、雕作等13个工种的任务和技术标准；三"工限料例"，即制定施工人数和材料的定额；四"图样"，即绘出建筑样式和各种构件的详细图纸。同时，《营造法式》按质量高低，对建筑等级进行分类。第一类是殿阁，包括殿宇、楼阁、殿阁挟屋、殿门、城门楼台、亭榭等；第二类是厅堂，包括堂、厅、门楼等；第三类是余屋，包括殿阁和官府的廊屋、常行散屋、营房等。总之，本书侧重于建筑设计、施工规范，并有图样，是了解中国古代建筑学，研究古代建筑的重要典籍，堪称中国古代最优秀的建筑著作。

哥 特 式 的 建 筑 艺 术

哥特式建筑，又称歌德式建筑，是种兴盛于欧洲中世纪的建筑风格，由罗曼式建筑发展而来，为文艺复兴建筑所继承。哥特式建筑12世纪发源于法国，持续至16世纪。哥特式建筑的第一座哥特教堂是1143年在法国巴黎建成的圣丹尼斯教堂，其有四尖券、大面积的花窗玻璃。12世纪末到13世纪中叶是哥特式建筑的经典时期。晚期包括辐射状哥特式和火焰哥特式，16世纪被文艺复兴风格取代。18世纪，英国开始了一连串的哥特式建筑艺术复兴，主要体现在内装饰

哥特式建筑西岷寺

上。英国哥特式建筑艺术蔓延至19世纪的欧洲，主要影响教会与大学建筑。哥特式建筑的整体风格为高耸削瘦，建筑特色包括尖形拱门、肋状拱顶与飞拱，常见于欧洲的主教座堂、大修道院与教堂，以及城堡、宫殿、大会堂、会馆、大学、私人住宅等。

哥特式建筑特点有：一是尖肋拱顶，即从罗曼式建筑的圆筒拱顶普遍改为尖肋拱顶，拱顶建得又大又高；二是采用飞扶壁，也称扶拱垛，是一种用来分担主墙压力的辅助设施。哥特式建筑把原本实心的、被屋顶遮盖起来的扶壁，都露在外面，称为飞扶壁。扶拱垛上往往有繁复的装饰雕刻，轻盈美观；三是采用花窗玻璃。哥特式建筑逐渐取消了台廊、楼廊，而增加侧廊窗户的面积，直至整个教堂采用大

面积排窗，并应用了从阿拉伯学习的彩色玻璃工艺，拼成一幅幅五颜六色的宗教故事。花窗玻璃以红、蓝色为主，蓝色象征天国，红色象征基督的鲜血；四是窗棂的构造十分精巧。细长的窗户被称为"柳叶窗"，圆形的被称为"玫瑰窗"；五是采用十字平面，扩大了祭坛的面积；六是建筑物的门层层往内推进，并有大量浮雕；六是建筑物的柱子不再是简单的圆形，而是多根柱子合在一起。哥特式建筑在英国出现了多种筋梁结构的穹顶，例如伞形、扇形、葱形。哥特式雕塑是教堂建筑不可缺少的装饰，人物形象开始保持独立的空间地位，追求立体造型，追求自然生动的塑造，人体逐渐丰满起来，多采用圆雕和接近圆雕的高浮雕。

哥特式建筑的代表作有科隆大

巴黎圣母院

教堂、巴黎圣母院、亚眠大教堂、沙特尔大教堂、博韦大教堂、英国西敏寺、弗莱堡大教堂、乌尔姆教堂、米兰大教堂、意大利总督宫、捷克圣维特大教堂，以及存在于中国的天津望海楼教堂、天津西站老站房、广州石室圣心大教堂、上海徐家汇天主教堂。总之，哥特建筑风格完全脱离了古罗马的影响，而是以尖券、尖形肋骨拱顶、坡度很大的两坡屋面和教堂中的钟楼、扶壁、束柱、花空棂等为特点；其以高、直、尖和具有强烈向上动势为特征的造型风格是宗教思想的体现；以蛮族的粗犷奔放、灵巧、上升的力量体现教会的神圣精神。直升的线条，彩色玻璃窗的色彩斑斓和玲珑的雕刻装饰，给人以神秘感。人们的视觉和情绪随着向上升华的尖塔，有一种接近上帝和天堂的感觉。

伊斯兰的建筑艺术

伊斯兰建筑由于地区和年代的不同而形式各异。具体来说，伊斯兰的建筑艺术特点主要体现在四个方面：一是变化丰富的外观。世界建筑中外观最富变化，设计手法最奇巧的是伊斯兰建筑。因为欧洲的古典式建筑缺少变化、哥特式建筑雅味不足、印度建筑只是表现宗教的狂热，只有伊斯兰建筑庄重而富有变化，雄健而不失雅致，在世界建筑中独放异彩；二是采用穹隆风格。伊斯兰建筑主要采用穹隆的建筑风格。与欧洲的穹隆相比，欧洲的穹隆如同机器制品，精致但乏雅味。而伊斯兰建筑中的穹隆却韵味十足；三是具有独特的开孔。所

阿尔罕布拉宫

谓开孔即出入口和窗的形式。伊斯兰建筑一般是尖拱、马蹄拱、多叶拱，还有正半圆拱、圆弧拱；四是采用独特的纹样。伊斯兰建筑的纹样真堪称世界纹样之冠，其题材、构图、描线、敷彩皆匠心独运。比如，其动物纹样继承了波斯传统，植物纹样承袭了东罗马传统，几何纹样有无限变种。另外还有独具匠心的花纹、文字纹（即由阿拉伯文字图案化而构成的装饰性的纹样，文字多是古兰经上的句节）。最终形成著名的阿拉伯式花样。下面我们来介绍伊斯兰建筑艺术的代表建筑——阿尔罕布拉宫。

阿尔罕布拉宫位于西班牙南部的格拉纳达，处在格拉纳达城东南山地的台地上，台地长约730米，最宽处约200米，面积约0.14平方千米。阿尔罕布拉宫由格拉纳达王国的摩尔人君主兴建于公元9世纪。其厚重的、堡垒式的外形，是为了抵御基督教徒的入侵。在这个集城堡、住所、王城于一身的独特建筑中，可以看到伊斯兰艺术及建筑的精致与微妙。在阿拉伯语中，"阿尔罕布拉"是红色的意思，代表了该宫殿所在地的山体颜色，宫殿的外墙也是由红色的、用细砂和泥土烧制的砖块砌筑，所以又称阿尔罕布拉宫为"红堡"。春天的时候，阿尔罕布拉盛开着由摩尔人种植的野花和野草以及玫瑰、柑橘和桃金娘，这些构成了阿尔罕布拉宫美丽的自然色彩。

阿尔罕布拉宫中有四个主要中庭，即桃金娘中庭、狮庭、达拉哈中庭和雷哈中庭。四个中庭里，最负盛名的是桃金娘中庭和狮庭。桃金娘中庭是阿尔罕布拉宫最重要的群体空间，是外交和政治活动的中心。其由大理石列柱围合而成，内部是一个矩形水池，以及漂亮的中央喷泉。在水池旁排列着两行桃金娘树篱。通过桃金娘中庭东侧，可以来到狮庭。狮庭是一个经典的阿拉伯式庭院，由两条水渠将其四分。水从石狮的口中泻出，经由这两条水渠流向围合中庭的四个走廊。走廊由124根棕榈树般的柱子架设，拱门及走廊顶棚上的拼花图案相当精美。拱门由石头雕刻而成，做工精细、考究。在狮庭可以看到与中世纪修道院相似的回廊。它按照黄金分割比加以划分和组织，比例及尺度都相当经典。狮庭的列柱支撑起雕刻精美的拱形回廊，从柱间向中庭看去，其中心处有12只强劲有力的白色大理石狮托起一个大喷泉。由于《可兰经》禁止用动物或人的形象来作为装饰物，所以这种用狮子雕像来支撑喷泉的做法令人称奇。

圣保罗大教堂

圣保罗大教堂是伦敦的宗教中心，位于伦敦泰晤士河北岸纽盖特街与纽钱吉街交汇处，为华丽的巴洛克风格，是世界第二大圆顶教堂。教堂覆有巨大穹顶，高约111米，宽约74米，纵深约157米，穹顶直径达34米。整体建筑设计优雅、完美，内部静谧、安详。塔顶是眺望伦敦市区的绝佳地点。

圣保罗大教堂曾经几度重建。现存教堂由英国杰出建筑师雷恩设计，1675年动工，1710年建成。教堂平面为拉丁十字形。十字交叉的上方矗有两层圆形柱廊构成的高鼓座。教堂正门上部的人字墙上雕刻着圣保罗到大马士革传教的图画，墙顶上立着圣保罗的石雕像。两端建有一对对称的钟楼，西北角的钟楼为教堂用钟，西南角的钟楼里吊有一口大铜钟。教堂内有方形石柱支撑的拱形大厅，各处施以重色彩绘，窗户嵌有彩色玻璃，四壁挂着耶稣、圣母和使徒巨幅壁画。教堂内还有王公、将军、名人的坟墓和纪念碑。

圣保罗大教堂

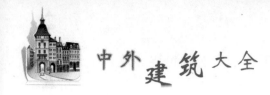
文艺复兴建筑艺术

文艺复兴建筑是在公元14世纪在意大利随着文艺复兴运动而诞生的建筑风格。基于对神权至上的批判和对人道主义的肯定，文艺复兴建筑是讲究秩序和比例的，拥有严谨的立面和平面构图，以及从古典建筑中继承的柱式系统。经济商业活动的开展，促进世俗中产阶级的大量出现，从而导致为商业贵族营造的别墅等世俗建筑大量诞生，世俗建筑开始超越宗教神权建筑，因此社会中真正出现了建筑师这个行业，也真正奠定了建筑师的意义。当时的建筑师主要来自雕刻师、绘图师、画家、工程师和细木工。建筑师的出现，为当时社会的思潮和文化进入建筑找到了一个切入点。文艺复兴建筑的特点主要有：一是此时的建筑师继承了古希腊、古罗马的建筑文化成果；二是在建筑造型方面开始从古代数学家的数学模型中得到启示，认为世界是由完美的数学模型构成的，由此开始了文艺复兴时代对于完美建筑比例的追求，强调建筑的比例；三是文艺复兴时代的建筑师继承了一整套古典的柱式营造模式，越上的柱要越长；四是在平面布局上，使用对称的形状与集中式；五是反对哥特式建筑的"高""尖"，以尺规作图制图，以圆形和正方形为主。

文艺复兴建筑，以意大利文艺复兴建筑最具典型性。文艺复兴时期，意大利的世俗性建筑得到很大发展，城市广场和园林也取得成就，新的设计手法纷纷出现，多种建筑理论著作相继问世。比如有维特鲁威的《建筑十书》、帕拉第奥

的《建筑四论》、维尼奥拉的《五种柱式规范》。意大利文艺复兴建筑对后世建筑有很大影响。当时著名的建筑理论著作是以维特鲁威的《建筑十书》为基础而发展的。这些建筑理论：一是强调人体美，把柱式构图同人体进行比拟，反映了当时的人文主义思想；二是用数学和几何学关系，如黄金分割、正方形等来确定美的比例。不过，文艺复兴晚期的建筑理论使古典形式变为僵化的工具，定了许多清规戒律和严格的柱式规范，这为17世纪法国古典主义建筑奠定了基础。

意大利文艺复兴时期的世俗建筑成就集中表现在府邸建筑上。其一般围绕院子布置，有整齐庄严的临街立面；外部造型在古典建筑的基础上，发展出灵活多样的处理方法，如立面分层，粗石与细石墙面的处理，叠柱的应用，券柱式、双柱、拱廊、粉刷、隅石、装饰、山花的变化等。意大利文艺复兴时期的教堂建筑利用了世俗建筑的成就，发展了古典传统，造型更加富丽堂皇。在建筑技术方面，意大利文艺复兴时期的成就很多，比如梁柱系统与拱券结构混合应用；大型建筑外墙用石材，内部用砖，或者下层用石、上层用砖砌筑；在方形平面上加鼓形座和圆顶；穹窿顶采用内外壳和肋骨等。另外就是城市、广场、园林方面的进步。意大利文艺复兴时期的城市改建追求庄严、对称，如佛罗伦萨、威尼斯、罗马，以及斯卡莫齐的理想城。意大利文艺复兴时期的广场得到很大发展，按功能分为集市活动广场、纪念性广场、装饰性广场、交通性广场，按形式分为长方形广场、圆形广场、椭圆形广场、不规则形广场、复合式广场。广场一般都有一个主题，四周有附属建筑陪衬。早期广场空间多封闭，雕像常在广场一侧；后期广场较严整，周围常用柱廊，空间较开敞，雕像往往放在广场中央。在园林方面，从14世纪起，修建园林成为风尚。15世纪，贵族富商的园林别墅遍布佛罗伦萨和意大利北部城市，16世纪发展到高峰。

文艺复兴时代的著名建筑师有伯鲁乃列斯基（建造了佛罗伦萨大教堂）、莱昂·巴蒂斯塔·阿尔伯蒂（其将文艺复兴建筑的营造提高到理论高度，著作有《论建筑》，提出应根据欧几里德的数学原理，在圆形、方形等集合体制上进行合乎比例的重新组合，以找到建筑中美的黄金分割）、伯拉孟特（竭尽所能的推敲每一个建筑比例）、米开朗琪罗（从一个雕塑家独特的三维视角来提炼建筑，利用各种手法，如破坏均衡，或利用狭长的走道或者柱廊，来达到一种感动人心的建筑效果。将文艺复兴建筑引入到手法主义）、帕拉第奥（注重建筑的数学美感与精确性）。文艺复兴时代规模最宏大的建筑作品是圣彼得教堂。具有文艺复兴风格的建筑物还有巴黎万神庙、美国白宫、佛罗伦萨大教堂。下面我们就来说说佛罗伦萨大教堂。

佛罗伦萨大教堂，又叫"花

美国白宫

之圣母大教堂"，是欧洲的第四大教堂，位于佛罗伦萨杜阿莫广场和圣·日奥瓦妮广场上，由阿诺尔福·迪坎比奥于1296年建造，建成于1462年。佛罗伦萨大教堂是一组建筑群，由大教堂、钟塔和洗礼堂组成。教堂平面呈拉丁十字形状，南、北、东三面各出半八角形巨室，巨室的外围包容有5个成放射状布置的小礼拜堂。整个建筑群中最引人注目的是中央穹顶，由意大利著名的建筑师勃鲁涅斯基设计，平面直径达42.2米。

佛罗伦萨大教堂的八角形穹顶内径为43米，高30多米，在其正中央有希腊式圆柱的尖顶塔亭，连亭总计高达107米。大教堂穹顶被公认是意大利文艺复兴式建筑的第一个作品。巨大的穹顶下半部由石块构筑，上半部用砖砌成，为突出穹顶，设计者特意在穹顶之下修建一个12米高的鼓座。为减少穹顶的侧推动，构架穹面分为内外两层，中间呈空心状。大教堂的内部墙壁上有一幅著名的壁画《最后的审判》。中央穹顶的外墙以黑、绿、粉色条纹大理石砌成各式格板，上面加上精美的雕刻、马赛克和石刻花窗，呈现出非常华丽的风格。整个穹顶，稳重端庄、比例和谐，把文艺复兴时期的屋顶形式和哥特式建筑风格完美地结合起来。

佛罗伦萨大教堂的右侧有高85米的钟楼，用白、绿、粉色花岗石贴面，高88米，分4层。楼内有370级台阶，可登高俯瞰全城。教堂的边上有一座八角型的洗礼堂，建于1290年，高约31.4米，建筑外观以白、绿色大理石饰面。洗礼堂青铜大门上雕有著名的的"天堂之门"，将"旧约全书"的故事情节分成十个浮雕，分别镶嵌在铜门的框格内，依次是亚当和夏娃被逐出伊甸园；该隐杀害他的兄弟亚伯；挪亚醉酒和献祭；亚伯拉罕和以萨献祭；以扫和雅各；约瑟被卖为奴；摩西接受十戒；耶利哥的失败；菲利士人的战争；所罗门和示巴女王。

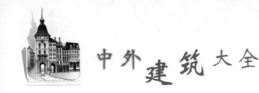
巴洛克建筑艺术

"巴洛克"的原意是奇异古怪，古典主义者用它来称呼离经叛道的建筑风格。"巴洛克"风格反对僵化的古典形式，追求自由奔放的格调和表达世俗情趣，对城市广场、园林艺术以至文学艺术都发生影响。巴洛克建筑源于17世纪的意大利，是在文艺复兴建筑的基础上添上新的华丽、夸张及雕刻风气，建筑着重于色彩、光影、雕塑性与强烈的巴洛克特色。巴洛克时期的建筑物，一方面有着更强烈的情绪感染力与震撼力，另一方面炫耀着教会的财富与权势。17世纪中叶，巴洛克风格转而表现于豪华宫殿，比如法国的拉斐特城堡。17世纪30年代起，意大利教会财富日益增加，各个教区先后建造巴洛克风格的教堂。与此同时，17世纪罗马建造的波罗广场，是三条放射形干道的汇合点，中央有一座方尖碑，周围设有雕像，布置绿化带。在放射形干道之间建有两座对称的样式相同的教堂。于是，欧洲许多国家争相仿效，比如法国在凡尔赛宫前、俄国在彼得堡海军部大厦前都建造了放射形广场。

巴洛克建筑特点是外形自由、追求动态、喜好富丽的装饰和雕刻、强烈的色彩，常用穿插的曲面和椭圆形空间。意大利文艺复兴晚期著名建筑师维尼奥拉设计的罗马耶稣会教堂是第一座巴洛克建筑。巴洛克建筑中的手法主义是16世纪晚期欧洲的一种艺术风格，主要特点是追求怪异和不寻常的效果，以变形和不协调的方式表现空间，以夸张的细长比例表现人物。罗马耶

巴洛克建筑

稣会教堂平面为长方形，端部突出一个圣龛，中厅宽阔，拱顶满布雕像和装饰。两侧用两排小祈祷室代替原来的侧廊。十字正中升起一座穹窿顶。教堂的圣坛装饰富丽而自由，上面的山花突破了古典法式。正门上面分层檐部和山花做成重叠的弧形和三角形，大门两侧采用了倚柱和扁壁柱。立面上部两侧作了两对大涡卷。

　　具体来说，巴洛克建筑的特点主要有：一是宽阔的、圆形的中殿取代了狭长的中殿；二是着重运用光线，追求强烈的光影对比，明暗对照效果或依靠窗户实现均匀照明；三是大量使用装饰品，比如镀金、石膏、粉饰灰泥、大理石或人造大理石；四是采用巨大尺度的天花板壁画；五是建筑物的外部立面通常有中央突出部分，内部通常只是绘画与雕塑的框架；六是营造出错视画法般的虚幻效果，将绘画与建筑混合；七是采用梨状穹顶，建有圣母柱、圣三柱。巴洛克建筑艺术的著名建筑家有贝尔尼尼、博罗米尼、夸立尼、约翰·巴塔萨·纽曼、雅各柏·德拉·波尔塔，其中波尔塔是巴洛克建筑艺术的先驱。巴洛克建筑艺术的著名作品有圣保罗大教堂、圣安德烈·阿尔·奎亚纳教堂、圣彼得大教堂、无忧宫、凡尔赛宫、圣苏撒娜教堂。

法国是巴洛克世俗建筑的中心，早在16世纪就将宫殿的开放三翼布局作为标准方案。巴洛克建筑风格也在中欧一些国家流行，尤其是德国和奥地利。德国巴洛克风格教堂建筑外观简洁雅致，造型柔和，装饰不多，外墙平坦。教堂内部装饰则十分华丽，造成内外强烈对比，著名建筑有十四圣徒朝圣教堂、罗赫尔修道院教堂。奥地利的巴洛克建筑风格主要是从德国传入的。著名建筑有维也纳的舒伯鲁恩宫，外表是严肃的古典主义建筑形式，内部大厅则是巴洛克风格，大厅所有的柱子都雕刻成人像，柱顶和拱顶满布浮雕装饰，是巴洛克风格和古典主义风格相结合的产物。波兰巴洛克建筑有瓦萨礼拜堂、圣安娜教堂、圣彼得教堂、圣乔治教堂。英国最著名的巴洛克风格建筑大师是克里斯托弗·雷恩。1663年，雷恩设计了牛津谢尔顿戏院。17世纪，巴洛克风格几乎传遍了欧洲和拉丁美洲。

总之，巴洛克风格一方面打破了对古罗马建筑理论家维特鲁威的盲目崇拜，冲破了文艺复兴晚期古典主义的种种清规戒律，反映了向往自由的世俗思想。另一方面，巴洛克风格的教堂富丽堂皇，也符合天主教会炫耀财富和追求神秘感的要求。接下来，我们来简单介绍下巴洛克风格的代表建筑圣卡罗教堂、圣地亚哥大教堂、乌兹堡宫。

罗马的圣卡罗教堂，其殿堂平面近似橄榄形，周围有一些不规则的小祈祷室，还有生活庭院。殿堂平面与天花装饰强调曲线动态，立面山花断开，檐部水平弯曲，墙面凹凸度很大，装饰丰富，有强烈的光影效果。圣地亚哥大教堂始建于1748年，教堂内共有三个拱形长廊，每个长廊长度均超过90米。圣地亚哥大教堂是著名的巡礼教堂，建筑中与巴洛克风格有关的是教堂正立面。立面以拱形开洞和装饰性独立壁柱为基本构图元素，自下而上，从舒展到紧张，逐渐达到高潮，显示了设计者高超的构图技巧。乌兹堡宫是德国南部巴洛克后期最杰出的代表，出自德国建筑师诺依曼之手。宫殿以凡尔赛宫为蓝本，建筑主体和两翼围成一个院子，面对开阔的广场，后面是大花园，用喷泉、瀑布、台阶、植物、林荫小道组成各种景致。每年夏天在此举办莫扎特音乐节。宫内设皇帝厅、楼梯厅、庭园厅、白厅等，楼梯厅的设计充分利用楼梯多变的形体，楼梯杆上装饰着雕像，天花壁画同雕塑相结合，色彩鲜艳。

美国国会大厦

国会大厦是美国国会所在地，位于美国首都华盛顿哥伦比亚特区国会山上，是美国的心脏建筑，占据全市最高地势，也是华盛顿最美丽、最壮观的建筑。美国人把国会大厦看作是民有、民治、民享政权的最高象征。国会大厦1793年9月18日由华盛顿总统亲自奠基，1814年第二次美英战争期间被英国人焚烧，部分建筑被毁。后增建了参众两院会议室、圆形屋顶和圆形大厅。国会大厦全长233米，3层，以白色大理石为主料，中央顶楼上建有3层大圆顶，圆顶之上立有一尊6米高的自由女神青铜雕像。大圆顶两侧的南北翼楼，分别为众议院和参议院办公地。众议院的会议厅是美国总统宣读年度国情咨文的地方。

国会大厦东面的大草坪是历届总统举行就职典礼的地方。国会大厦圆顶之下是圆柱式门廊，门廊内的3座铜质"哥伦布门"上雕有哥伦布发现新大陆的浮雕，大门内即为国会大厦的圆形大厅。圆形大厅四壁挂有8幅记录美国历史的油画，而55米高的穹顶上是19世纪意大利画家布伦米迪及其学生所绘的大型画作，画面中心为美国开国总统华盛顿。华盛顿身侧分别为胜利女神和自由女神，画面中的其他13位女神则代表美国初立时的13州。大厅还立有杰出总统石雕。圆形大厅南侧设有专门的雕像厅，内藏美国50个州的名人像，合立一堂，是美国凝聚力的象征。

美国国会大厦

法国古典主义建筑艺术

广义的古典主义建筑是指在古希腊建筑和古罗马建筑的基础上发展起来的意大利文艺复兴建筑、巴洛克建筑和古典复兴建筑，共同特点是采用古典柱式。狭义的古典主义建筑是指运用纯正的古希腊罗马建筑和意大利文艺复兴建筑样式和古典柱式的建筑，主要指法国古典主义建筑。古典主义建筑以法国为中心。在实际运用领域，古典主义主要运用于宫廷建筑、纪念性建筑和大型公共建筑。18世纪60年代到19世纪，又出现古典复兴建筑的潮流。世界各地许多古典主义建筑作品至今仍魅力深厚。但古典主义不是永恒的，19世纪末和20世纪初，随着社会条件的变化和建筑自身的发展，古典主义逐渐为其他建筑潮流替代。

法国古典主义建筑形成的历史背景是：17世纪下半叶，法国文化艺术的主导潮流是古典主义。古典主义美学的哲学基础是唯理论，认为艺术需要有严格的像数学一样明确清晰的规则和规范。于是在文学、绘画、戏剧、建筑中，即形成了古典主义。法国古典主义理论家布隆代尔认为"美产生于度量和比例"，他认为意大利文艺复兴时代的建筑师通过测绘古希腊罗马建筑遗迹得出的建筑法式是永恒的金科玉律。因而以他为代表的古典主义者，即在建筑设计中崇尚以古典柱式为构图基础，突出轴线，强调对称，注重比例，讲究主从关系，从而形成古典主义建筑艺术潮流。法国古典主义建筑的代表

凡尔赛宫

作是巴黎卢浮宫、凡尔赛宫。下面我们就来介绍古典主义代表建筑——凡尔赛宫。

凡尔赛宫位于巴黎西南18千米，是欧洲最宏大、最豪华的皇宫。凡尔赛宫原是一个小村落，是路易十三1624年在凡尔赛树林中建造的狩猎宫。1661年法国国王路易十四开始建宫，于1689年全部竣工。全宫占地111万平方米。建筑以东西为轴，南北对称，包括正宫和两侧的南宫、北宫，内部有500多个大小厅室，均以大理石镶砌，以雕刻、挂毯和巨幅油画装饰，陈设稀世珍宝。还有100公顷的园林，花草排成大幅图案，树木修剪成几何形，众多的喷水池、喷泉和雕像点缀其间。凡尔赛宫及园林，堪称法国古建筑的杰出代表。

凡尔赛宫为古典主义风格建

筑，立面为标准的古典主义三段式处理，即将立面划分为纵、横三段，建筑左右对称，造型轮廓整齐、庄重雄伟。其内部装潢以巴洛克风格为主，少数厅堂为洛可可风格。正宫前面是座法兰西式大花园，园内树木花草别具匠心，园林完全是人工雕琢的，极其讲究对称和几何图形。室内装饰极其豪华富丽，是凡尔赛宫的一大特色。内壁装饰以雕刻、巨幅油画及挂毯为主，配有17、18世纪造型超绝、工艺精湛的家具。大理石院和镜厅是其中最为突出的两处。室内装饰方面，太阳也是常用的题目，因为太阳是路易十四的象征。太阳有时还和兵器、盔甲一起出现在墙面上。除了用人像装饰室内外，还用狮子、鹰、麒麟等动物形象来装饰室内。楼梯栏杆镀了金，配上各种色彩大理石，显得十分灿烂。天花板有半圆拱、平的、半球形等形式，顶上有绘画、浮雕。

镜厅又称镜廊，西临花园，是凡尔赛宫最著名的大厅，由敞廊改建而成，长76米，高13米，宽10.5米。一面是面向花园的17扇巨大落地玻璃窗；另一面是由400多块镜子组成的巨大镜面。厅内地板为细木雕花，墙壁以淡紫色和白色大理石贴面装饰，柱子为绿色大理石。柱头、柱脚和护壁均为黄铜镀金，装饰图案主要是展开双翼的太阳。天花板上为24具巨大的波希米亚水晶吊灯，以及歌颂太阳王功德的油画。大厅东面中央是通往国王寝宫的四扇大门。路易十四时，经常在这里举行化妆舞会。然而凡尔赛宫有两大缺点：一是没有一处厕所或盥洗设备；二是不保暖。

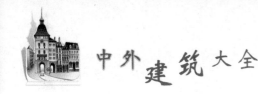

建筑知识小点萃

凡尔赛宫内的著名景观

（1）大理石庭院。其位于凡尔赛宫的正面入口，是三面围合的小广场。原为路易十三的狩猎行宫，路易十四时加以改造，保留原来的红砖墙面，并增加大理石雕塑和镀金装饰。庭院地面用红色大理石装饰，庭院正面二层为国王寝室。

（2）海格立斯厅。其位于主楼二层东北角与北翼的连接处，连接中路宫殿和北翼与王家教堂。路易十四时，这里是王家小教堂，后改为国王接见厅。

（3）丰收厅。在海格立斯厅的西面，北面为花园的拉冬娜喷泉。丰收厅为入宫觐见国王的礼仪路线主要入口，存放有历代国王的奖章及珍宝收藏。

（4）维纳斯厅。维纳斯厅又名金星厅，在丰收厅之西。路易十四时，厅内有台球桌和一整套纯银铸造、精工镂刻的家具。

（5）狄安娜厅。狄安娜厅又称月神厅，位于主楼二楼北侧的维纳斯厅之西，墙壁用各种精美瓷器装饰。

（6）玛尔斯厅。玛尔斯厅又名战神厅、火星厅，在狄安娜厅之西。天花板上有奥德朗的油画《战神驾驶狼驭战车》，大厅内壁炉两端有大理石平台。波旁王朝时，国王经常在此召开宫廷音乐演奏会。

（7）阿波罗厅。阿波罗厅又名太阳神厅，是法国国王的御座厅。其

天花板上有镀金雕花浅浮雕，墙壁为深红色金银丝镶边天鹅绒，中央为纯银铸造的御座，高2.6米，位于铺有深红色波斯地毯的高台之上。由于路易十四自诩为太阳王，因此凡尔赛宫内主要的大厅均以环绕太阳的行星命名。

洛可可建筑艺术

洛可可风格起源于18世纪的法国，最初是为了反对宫廷的繁文缛节艺术而兴起的，后来被新古典主义取代。洛可可最先出现于装饰艺术和室内设计中。法国路易十五时，巴洛克设计逐渐被有着更多曲线和自然形象的元素取代。纤细和轻快的洛可可风格被视为是伴随着路易十五的统治而来的。相较于前期的巴洛克与后期的新古典主义，洛可可反映出当时的社会享乐、奢华以及爱欲交织的风气。除此之外，还添加不少异国风情。洛可可风格反映了法国路易十五时代宫廷贵族的生活趣味，追求纤巧、精美又浮华、繁琐，被称为"路易十五式"。洛可可风格的装饰多用自然题材作曲线，如卷涡、波状和浑圆体；色彩娇艳、光泽闪烁，象牙白和金黄是流行色；经常使用玻璃镜、水晶灯强化效果。

洛可可艺术风格的倡导者是蓬帕杜夫人。在她的倡导下，产生了洛可可艺术风格。1730年代，洛可可在法国高度发展。这种风格从建筑和家具蔓延到油画和雕塑，表现于安东尼·华托和佛朗索瓦·布歇的作品中。洛可可保留了巴洛克风格，也包括东方风格和不对称组合。18世纪，英国的洛可可风格主要表现在银器、陶瓷等方面。随着拿破仑在法国崛起，洛可可被拿破

蓬帕杜夫人

仑从法国剔除出去。诸如德国斯都格的Castle Solitude和奥拉宁堡的中国宫，维斯的巴伐利亚教堂和波茨坦的无忧宫，都是欧洲洛可可风格建筑的典型代表。

一般而言，洛可可建筑是指纯粹室内风格。洛可可风格以抽象的火焰形、叶形或贝壳形的花纹、不对称花边和曲线构图，展现整齐而生动的、神奇的、雕琢的形式。洛可可风格设计，不论使用在室内设计方面或家饰品设计，甚至建筑外观设计上，都令人无法忽视。建筑的墙、天花板、家具、金属和瓷器制的摆设，均展现一种统一风格的和谐。相比巴洛克色调，洛可可崇尚柔和的浅色和粉色调。

　　总之，洛可可建筑风格的特点是：室内应用明快的色彩和纤巧的装饰，家具非常精致而偏于繁琐，不像巴洛克风格那样色彩强烈，装饰浓艳。洛可可装饰的特点是：细腻柔媚，常常采用不对称手法，喜欢用弧线和S形线，尤其爱用贝壳、旋涡、山石作为装饰题材，卷草舒花，缠绵盘曲，连成一体。天花和

墙面有时以弧面相连，转角处布置壁画。同时，为了模仿自然形态，室内建筑部件也往往做成不对称形状，变化万千。室内墙面粉刷，爱用嫩绿、粉红、玫瑰红等鲜艳的浅色调，线脚大多用金色。室内护壁板有时用木板，有时作成精致的框格，框内四周有一圈花边，中间常衬以浅色东方织锦。

洛可可建筑

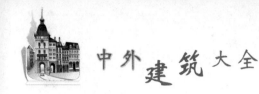

建筑知识小点萃

俄罗斯海军部大厦

俄罗斯海军部大厦由著名建筑师扎哈洛夫设计，是圣彼得堡的象征之一。海军总部大厦奠基于1704年。塔楼正面宽度为400多米，塔楼的基座部分为一个设计成类似凯旋门的拱形六门，门上装饰有以海洋及俄罗斯海军为主题的各种雕像及半浮雕。正门两侧摆放着两组名为海神的庞大雕像群。整个海军总部以其严谨简明的设计风格与主题明确隆重的雕像群，象征着俄罗斯水手们的英勇精神。建筑物最引人注目的是一根闪闪发光的镀金长针，高达72米，被安置在大厦中央阶梯式塔楼的屋顶上。长针直插蓝天，在圣彼得堡的任何地方，都可以看到它。海军部大厦结合了古典主义建筑艺术和俄国建筑艺术的特点，共计有56座大型塑像、11幅巨型浮雕、350块壁画，装饰着整座大厦。

西方近代工业化建筑

建筑工业化指采用大工业生产的方式建造工业和民用建筑。西方近代工业化建筑是建筑业从分散、落后的手工业生产方式，逐步过渡到以现代技术为基础的大工业生产方式的全过程，是建筑业生产方式的变革。建筑工业化的概念源于欧洲。18世纪产业革命以后，随着机

器大工业的兴起、城市的发展和技术的进步，建筑工业化的思想开始萌芽。20世纪20～30年代，早期的建筑工业化理论已基本形成。当时有人提出，传统的房屋建造工艺应当改革，其主要途径是由专业化的工厂成批生产可供安装的构件，不再把全部工艺过程都安排到施工现场完成。二战后，欧洲面临住房紧缺、劳动力缺乏两大困难，促使建筑工业化迅速发展。其中，法国和苏联发展最快。到20世纪60年代，欧洲、美国、日本等经济发达国家的工业化建筑都迅速发展。

为了协调建筑工业化问题，联合国在1974年发表了《关于逐步实现建筑工业化的政府政策和措施指南》，认为建筑工业化是20世纪不可逆转的潮流。我国的建筑工业化始于20世纪50年代第一个五年计划时期。1956年5月，我国政府在《关于加强和发展建筑工业的决定》中明确提出："为了从根本上改善我国的建筑工业，必须积极地

有步骤地实行工厂化、机械化施工，逐步完成对建筑工业的技术改造，逐步完成向建筑工业化的过渡。"随后即迅速建立起建筑生产工厂化和机械化的初步基础。1978年，国家基本建设委员会正式提出，建筑工业化应以"建筑设计标准化、构件生产工业化、施工机械化以及墙体材料改革"为重点。

具体来说，建筑工业化的基本内容主要有：一是建筑标准化。建筑标准化是建筑工业化的前提，要求设计标准化与多样化相结合，构配件设计要在标准化的基础上做到系列化、通用化；二是构配件生产工厂化。建筑工业化的物质基础，包括采用装配式结构，预先生产出各种构配件运到工地进行装配。混凝土构配件实行工厂预制、现场预制和工具式钢模板现浇相结合，发展构配件生产专业化、商品化，提高预制装配程度；三是发展新型建筑材料。积极发展经济合用的新型材料，重视就地取材，利用工业废

料，节约能源，降低费用；四是施工机械化。建筑工业化的核心，即实行机械化、半机械化和改良工具相结合，提高施工机械化水平；五是组织管理科学化。建筑工业化的重要保证。也就是说，要求从建筑的设计开始，直到构配件生产、施工的准备与组织、建筑生产全过程都应纳入科学管理的轨道。

建筑知识小点萃

巴黎万神庙与大英博物馆

巴黎万神庙本是献给巴黎的守护神——圣什内维埃芙的教堂，后来用作国家重要人物公墓，改名为万神庙，又名先贤祠。万神庙正面模仿罗马

巴黎万神庙

万神庙，入口上方有法国女神为伟人戴桂冠的浮雕，万神庙中安息的名人有伏尔泰、雨果、左拉、卢梭等。万神庙的圆顶塔楼只让少许光线进入，以免强光干扰死者清宁。神庙中有幅巨大的油画，画的是法国历代皇帝的肖像。巴黎万神庙的重要成就之一是结构空前地轻、墙薄、柱子细。穹顶是泥的，内径20米，中央有圆洞。万神庙西面柱廊有六根19米高的柱子，直接采用古罗马庙宇正面的构图，形体简洁。

大英博物馆，又名不列颠博物馆，位于新牛津大街北面的大罗素广场，是世界上历史最悠久、规模最宏伟的综合性博物馆。藏品之丰富、种类之繁多为全世界博物馆所罕见。大英博物馆和纽约的大都会艺术博物馆、巴黎的卢浮宫同列为世界三大博物馆。大英博物馆始建于1753年。博物馆正门的两旁各有8根又

大英博物馆

粗又高的罗马式圆柱，每根圆柱上端是一个三角顶，上面刻着一幅巨大的浮雕。大英博物馆目前分为10分馆，即古近东馆、硬币和纪念币馆、埃及馆、民族馆、希腊和罗马馆、日本馆、中世纪及近代欧洲馆、东方馆、史

前及早期欧洲、版画和素描馆以及西亚馆，共有100多个陈列室，藏有展品400多万件，以收藏古罗马遗迹、古希腊雕像和埃及木乃伊闻名于世。大中庭位于大英博物馆中心，于2000年12月建成开放，目前是欧洲最大的有顶广场。广场的顶部是用1656块形状奇特的玻璃片组成。广场中央为大英博物馆的阅览室，对公众开放。

世界现代建筑运动

现代建筑有广义和狭义之分。广义的现代建筑包括20世纪出现的各色各样风格的建筑流派的作品；狭义现代建筑专指20世纪20年代形成的现代主义建筑。20世纪初期，现代建筑曾被称为新建筑。现代建筑的产生可以追溯到产业革命，以及由此而引起的社会生产和社会生活的大变革。世界现代建筑运动产生的因素有：一是房屋建造急剧增长，类型不断增多。使得工厂、仓库、住宅、医院、科学实验室、铁路建筑、办公建筑、商业服务建筑蓬勃发展，而帝王宫殿、坛庙和陵墓退居次要地位；二是工业发展给建筑业带来新型建筑材料。产业革命后，建筑业的第一个变化是铁用于房屋结构上。19世纪后期，钢材代替了铁材。同时水泥用于房屋建筑。19世纪出现钢筋混凝土结构；三是越来越深入地掌握房屋结构的内在规律，从而能够改进原有的结构形式，有目的地创造优良的新型结构，作出合理、经济而坚固的房屋结构设计；四是建筑业的生产经营转入资本主义经济轨道，房屋是企业家手中的固定资本或商品，出现竞争机制。

于是，19世纪出现建筑领域的这些变化，引起了建筑革命。一般说来，19世纪西方建筑界占主导地位的是复古主义建筑和折衷主义建筑。复古主义认为古希腊罗马的建筑形式和风格是不可超越的永恒典范；折衷主义认为建筑师的工作就是因袭已往的建筑模式，可以把多种样式多种手法拼合在一座建筑上。在复古主义和折衷主义建筑潮流影响下，形成唯美主义建筑潮流，又称为学院派建筑。但社会生活要求建筑具有新功能并出现新材料和新结构，于是就同学院派建筑发生矛盾。19世纪30年代开始，西欧和美国一些建筑师提出了改革建筑设计的主张。19世纪后期，美国建筑师和工程师形成了芝加哥学派

建筑流派，强调"形式随从功能"的原则。19世纪末到1914年第一次世界大战爆发，形成了钢筋混凝土建筑、比利时"新艺术运动"、奥

学院派建筑

地利"分离派"、意大利"未来派"、德国"德意志工业联盟"等建筑流派。这些建筑探索活动被称为"新建筑运动"。在新建筑运动中形成的现代主义建筑和有机建筑对20世纪的建筑发展有重大影响。

第一次世界大战后的初期，复古主义建筑仍然相当流行，影响较大的还有表现派、风格派（新造

柯布西耶

建筑又被细分为功能主义建筑、客观主义建筑、实用主义建筑、理性主义建筑以及国际式建筑。20世纪50年代以后，被称为"现代主义"或"现代派"。

现代主义成为20世纪中叶现代建筑中的主导潮流。二战前夕，格罗皮乌斯和密斯·罗迁居美国，现代主义在美国迅速扩展。20世纪50～60年代，现代主义在全世界广泛传播。世界各地城市新建的商业建筑、工业建筑、文教建筑和大规模建造的住宅几乎都具有显著的现代主义建筑特征。而有机建筑派是由美国建筑师赖特创立。现代主义比较强调工业化对建筑的广泛影响，赖特则强调建筑应当像植物一样成为大地的和谐要素，从属于自然。他认为每一座建筑都应当是特定的地点、特定的目的、特定的自然和物质条件以及特定的文化的产物。赖特创作的流水别墅是有机建筑的卓越代表。德国建筑师沙龙和赫林是有机建筑派的代表。

型派、要素派）和构成派。现代主义建筑由德国建筑师格罗皮乌斯和勒·柯布西耶提出，其观点是：强调建筑随时代发展而变化，现代建筑应同工业化相适应；强调建筑师要注意研究和解决实用功能和经济问题，担负起自己的社会责任；积极采用新材料和新结构；摆脱历史上过时的建筑样式，放手创造新形式的建筑；发展建筑美学，创造反映新时代的新建筑风格。现代主义

20世纪50年代西方出现了许多新的建筑流派,其中影响较大的有典雅主义建筑派(又称新古典主义)、粗野主义建筑派、高技术倾向建筑派、人性化建筑派、地方化建筑派、反直角派、新自由派、雕塑派、感性主义、怪异建筑派。20世纪60年代后期,美国建筑师R.文丘里批判了现代主义,主张建筑设计中形式与功能可以脱节,主张建筑要有装饰,要有象征性,建筑创作不必追求纯净、明确,提出含混、折衷、歪扭的形象也是美的。以后西方建筑界出现了讲究建筑的象征性、隐喻性、装饰性以及与现有环境取得联系的倾向,这称为后现代主义建筑思潮。如今,电子计算机辅助建筑设计,系统论、控制论、信息论以及行为科学、环境科学等,均渗入建筑领域,孕育着世界建筑艺术的新未来。

接下来我们就来介绍现代主义建筑中的作品——包豪斯校舍、萨伏伊别墅。

(1)包豪斯校舍,是1926年在德国德绍建成的一座建筑工艺学校新校舍,设计者为德国建筑师格罗皮乌斯。校舍主要由教学楼、生活用房和学生宿舍三部分组成。设计者运用现代建筑设计手法,从建筑物的实用功能出发,按各部分的实用要求及其相互关系定出各自的位置和体型;利用钢筋、钢筋混凝土和玻璃等新材料以突出材料的本色美;在建筑结构上充分运用窗与墙、混凝土与玻璃、竖向与横向、光与影的对比手法,使空间显得清新活泼、生动多样;通过简洁的平屋顶、大片玻璃窗和长而连续的白色墙面,产生不同的视觉效果。包豪斯校舍被认为是现代建筑中具有里程碑意义的作品。

(2)萨伏伊别墅是现代主义建筑的经典作品之一,位于巴黎普瓦西,由现代建筑大师柯布西耶于1928年设计,1930年建成,使用钢筋混凝土结构,是完美的功能主义作品。柯布西耶原本的意图是用这种简约的、工业化的方法去建造大量低造价的平民住宅。萨伏伊别墅宅基为矩形，长约22.5米，宽为20米，共三层。底层（柱托的架空层）三面透空，由支柱架起，内有门厅、车库和仆人用房，是由弧形玻璃窗所包围的开敞结构；二层有起居室、卧室、厨房、餐室、屋顶花园和半开敞的休息空间；三层为主卧室和屋顶花园，各层之间以螺旋形的楼梯和折形的坡道相联。

萨伏伊别墅在设计上有如下特点：一是模数化设计；二是简单的装饰风格；三是纯粹的用色，外部装饰完全采用白色；四是开放式的室内空间设计；五是专门对家具进行设计和制作；六是动态的、非传统的空间组织形式，使用螺旋形的楼梯和坡道来组织空间；七是屋顶花园的设计使用绘画和雕塑的表现技巧；八是车库的设计采用交通流线的方法；九是雕塑化的设计，建筑物整体上体现出雕塑感。

建筑知识小点库

现代建筑杰作——流水别墅

流水别墅，又称考夫曼住宅，位于美国匹兹堡熊溪河畔，由赖特设计。流水别墅浓缩了赖特主张的"有机"设计哲学，将其描述成对应于"溪流音乐"的"石崖的延伸"的形状，将住宅作为"悬崖的延伸"悬挑在瀑布上方，使得流动的水融合到设计的层叠空间中。整个建筑群与四周的山脉、峡谷相连。流动的溪水、瀑布是建筑的一部分，永不停息。流水别墅共三层，以二层的起居室为中心，其余房间向左右铺展开来，别墅外

形强调块体组合，使建筑带有明显的雕塑感。两层巨大的平台高低错落，一层平台向左右延伸，二层平台向前方挑出。溪水由平台下怡然流出，建筑与溪水、山石、树木自然地结合在一起。别墅的室内空间自由延伸，相互穿插，内外空间互相交融，浑然一体。

流水别墅

流水别墅的楼板锚固在后面的自然山石中。主要的一层是一个完整的大房间，有小梯与下面的水池联结。正面在窗台与天棚之间，是一金属窗框的大玻璃。室内通往巨大的起居室，先通过一段狭小而昏暗的有顶盖的门廊，然后进入反方向上的主楼梯。透过粗犷而透孔的石壁，右手边是直通的空间，而左手便可进入起居的二层踏步。内部空间充满盎然生机，光线流动于起居的东、南、西三侧，最明亮的部分光线从天窗泻下，一直通往建筑物下方溪流崖隘的楼梯。房间的对角留有玻璃封闭的小窗，以免小溪的水声及水气渗入房间。在材料的使用上，流水别墅所有的支柱都是粗犷的岩石。另外，流水别墅的空间陈设的选择、家具样式设计与布置都独具匠心。总之，流水别墅可以说是水平或倾斜穿杆或推移空间手法交错融合的稀世之作。

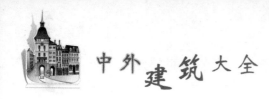

现代建筑的变异潮流

现代建筑随着文艺的不同思潮而发展变化，呈现出多种艺术风格林立的局面。在现代建筑艺术的变异潮流中，现代主义建筑、功能主义建筑、折衷主义建筑、解构主义建筑、仿生主义建筑都是值得一提的代表。下面我们就来一一加以介绍：

◆ 现代主义建筑

现代主义是1914年前兴起的新艺术与文学风格，以科学为基础，讲求理性逻辑，实验探证，主张无神论。其中牛顿的力学理论、达尔文的进化论及弗洛伊德对自我的研究为现代主义奠定理论基础。有人将20世纪区分为现代时期与后现代时期。现代主义者具有更实用主义的观点，比如现代主义建筑师即认为建筑的作用是"为居住而准备的机器"，应拒绝从古希腊和中世纪继承下来的旧风格、旧结构，拒绝设计中采取装饰性图形，强调使用的材料和纯粹的几何形式。现代主义房屋、家具设计，也普遍强调形式上的简洁和开放的内部结构，减少混乱。

◆ 功能主义建筑

功能主义建筑是认为建筑的形式应该服从它的功能的建筑流派。19世纪后期，欧美有些建筑师为了反对学院派追求形式、不讲功能的设计思想，探求新建筑的道路，把建筑的功能突出。于是使得功能主义在20世纪20～30年代风靡一时。功能主义认为不仅建筑形式必须反映功能、表现功能，建筑平面布局和空间组合也必须以功能为依据，而且所有不同功能的构件也应该分别表现出来。20世纪

20~30年代也出现另一种功能主义，认为经济、实惠的建筑就是合乎功能的建筑。20世纪世纪50年代后，功能主义逐渐销声匿迹。

◆ 折衷主义建筑

折衷主义建筑是19世纪上半叶至20世纪初在欧美流行的建筑风格，任意模仿历史上各种建筑风格，或自由组合各种建筑形式，不讲求固定的法式，只讲求比例均衡，注重纯形式美，于是出现了希腊、罗马、拜占廷、中世纪、文艺复兴和东方情调的建筑纷然杂陈。折衷主义建筑在19世纪中叶以法国最为典型，巴黎高等艺术学院是传播折衷主义建筑的中心。19世纪末和20世纪初期，则以美国最为突出。折衷主义建筑代表作有巴黎歌剧院。

◆ 解构主义建筑

解构主义建筑是在20世纪80年代晚期形成的后现代建筑，特别表现为：破碎的想法，非线性

设计的过程，形成建筑设计原则的变形与移位。解构主义建筑师受到法国哲学家德里达的影响。解构主义对现代主义、后现代主义、表现主义、立体派、简约主义及当代艺术都有影响。解构主义的目的是远离"形式跟随功能""形式的纯度""材料的真我"和"结构的表达"，代表作有卫克斯那艺术中心、曼彻斯特帝国战争博物馆。

◆ 仿生主义建筑

仿生主义建筑是模仿某些动物的结构和形态而获得优良性能的建筑。仿生主义以生物界某些生物体的功能组织和形象构成规律为研究对象，探寻自然界中科学合理的建造规律，并通过这些研究成果的运用来丰富和完善建筑的处理手法，促进建筑形体结构以及建筑功能布局等的高效设计和合理形成。仿生主义建筑有城市环境仿生、使用功能仿生、建筑形式仿生、组织结构仿生。早在1853年，巴黎设计师欧

思曼为执行法国皇帝拿破仑三世的巴黎建设计划,曾对巴黎市区进行了大规模的仿生主义改建。例如在巴黎东、西郊规划建设的两座森林公园——东郊维星斯公园和西郊布伦公园。巨大的绿化面积,就象征着人的两肺,而环形绿化带与赛纳河,就象是人的呼吸管道,这样就使新鲜空气输入城市的各个区域。从而使巴黎在世界上成为仿生主义城市改建的范例。仿生主义建筑的代表作还有悉尼歌剧院、中国的国家大剧院与鸟巢等。

介绍完上述的现代建筑艺术新异流派,下面我们就来选择介绍一些现代建筑的代表作——纽约世界贸易中心、法国马赛公寓、法国蓬皮杜国家文化中心。

◆ 纽约世界贸易中心

纽约世界贸易中心简称世贸中心,原为美国纽约的地标之一,原址位于美国纽约市曼哈顿岛西南端,西临哈德逊河,由美籍日裔建筑师山崎实设计,建于1962－1976年。由两座110层高,411.5米的塔式摩天楼和4幢办公楼及一座旅馆组成。摩天楼平面为正方形,边长63米。纽约世界贸易中心在2001年9月11日的"9·11"恐怖袭击事件中坍塌。纽约世界贸易中心高度是世界第四、美国第二、纽约第一。在1973年举行落成仪式时是世界最高的建筑。双子大楼由密集的钢柱组成,钢柱之间的中心距离只有1米多,所以窗都是细长形。密密的钢柱围合起来构成巨大的方形管筒,中心部位也是钢结构,内含电梯、楼梯、设备管道和服务间,被誉为当时世界上最大的室内空间。世界贸易中心不仅提供大面积的写字楼,而且有室内商场、专卖店、快餐厅、会议室、贸易展销厅、艺术展览馆、学术研讨厅等。另外还有世贸中心广场,它为步行者提供了一个躲避汽车和喧嚣的场所,有绿地、喷泉、座椅。

◆ 法国马赛公寓

　　1952年在法国马赛市郊建成了一座举世瞩目的超级公寓住宅——马赛公寓大楼，是为缓解二战后欧洲房屋紧缺的状况而设计的新型密集型住宅，充分地体现了战前要把住宅群和城市联合在一起的想法。称为"居住单元盒子"的马赛公寓，长165米，高56米，宽24米，是通过支柱层支撑的花园。主要立面朝东和西向，架空层用来停车和通风，还设有入口、电梯厅和管理员房间。大楼共有18层，有23种不同的居住单元，共337户。室内楼梯将两层空间连成一体，起居厅两层通高，大块玻璃窗满足了观景的开阔视野，在第7、8层布置了各式商店。幼儿园和托儿所设在顶层，通过坡道可到达屋顶花园。屋顶上设有小游泳池、儿童游戏场地、一个200米长的跑道，以及健身房、日光浴室、混凝土桌子、人造小山、花架、通风井、室外楼梯、开放剧院和电影院，能使人欣赏天际线下美

法国马赛公寓

丽的景色，从户外游戏和活动中获得乐趣。

◆ 法国蓬皮杜国家文化中心

　　法国蓬皮杜国家文化中心简称"蓬皮杜中心"，位于法国巴黎市中心，是在法国前总统蓬皮杜的倡议下，由意大利建筑师皮亚诺和英国建筑师罗杰斯共同设计建造。蓬皮杜中心是座巨大的长方形建筑，长166米，宽60米，高42米，地上

共有 6 层，总建筑面积近10万平方米。整个建筑除钢架结构外，全部为玻璃覆盖。钢结构梁、柱、桁架、拉杆，以及各种颜色的管线全部暴露在外。在东立面上，挂满五颜六色的各种管道，红色的是交通运输设备；绿色的是给水、排水系统，蓝色的是空调系统；黄色的是供电系统。在西立面上，悬挂着几条有机玻璃的"巨龙"，一条是从底层蜿蜒而上的自动扶梯，其他几条水平方向的是多层的外走廊。整座大楼由28根钢管柱支撑，其中除一道防火隔墙外，没有一根内柱，各层门窗和隔墙都不承重，可以任意移动或取舍。

蓬皮杜中心包括公共图书馆、现代艺术博物馆、工业设计中心、音乐和声学研究所。公共图书馆是法国对公众开放的最大图书馆；现代艺术陈列馆是法国目前最大的现代艺术品陈列馆；工业设计中心经常举办各种展览，介绍建筑、城市建设、公用设施及日用工业产品和新发明；音乐和声学研究所设在蓬皮杜中心西侧的广场下面地下室。中心还有儿童画室、各种展览厅、剧院、电影院、咖啡馆、餐厅等服务设施。总之，蓬皮杜中心的结构设计充分显示了高科技技术对新建筑的巨大影响，打破了文化建筑典雅、宁静的传统风格，成为西方当代新建筑的著名代表。

建筑知识小点击

当代西方三大建筑师

（1）路易斯·康。美国现代建筑师，1901年2月20日生于爱沙尼亚的

萨拉马岛，1924年毕业于费城宾夕法尼亚大学，被誉为"建筑界的诗哲"。路易斯·康认为盲目崇拜技术和程式化设计会使建筑缺乏立面特征，主张每个建筑必须有特殊的约束

路易斯·康

性。他的作品坚实厚重，不表露结构功能。他在设计中成功运用了光线的变化，是建筑设计中光影运用的开拓者。他将不同用途的空间性质进行解析、组合，体现秩序，突破了学院派建筑设计从轴线、空间序列和透视效果入手的陈规。他的建筑作品有宾夕法尼亚大学理查德医学研究中心、耶鲁大学美术馆、索克大学研究所、爱塞特图书馆、孟加拉国达卡国民议会厅、印度管理学院、费城市规划设计、米尔溪公建住宅、米尔溪社区中心。

（2）勒·柯布西耶。20世纪最重要的建筑师之一，是现代建筑运动的激进分子，被称为"现代建筑的旗手"。他与格罗皮乌斯、路德维格·罗、弗兰克·赖特，并称为"四大现代建筑大师"。柯布西耶出生于瑞士，1907年先后到布达佩斯和巴黎学习建筑。1917年定居巴黎，与新派立体主义的画家和诗人合编杂志《新精神》，著作有《走向新建筑》。他否定十九世纪以来因循守旧的建筑观点及复古主义建筑风格，歌颂现代工业的成就。提出"我们的时代正在每天决定自己的样式"；提出"住房是居住的机器"，鼓吹以工业方法大规模建造房屋，赞美简单的几何形体；

提出著名的"新建筑五点"即底层架空、屋顶花园、自由平面、横向长窗、自由立面。他首先提出高层建筑和立体交叉的设想。主要建筑作品有萨伏伊别墅、日内瓦国际联盟总部、马赛公寓、光辉城市规划。

（3）圣地亚哥·卡拉特拉瓦。世界上最著名的创新建筑师之一，以桥梁结构设计与艺术建筑闻名于世。他设计了威尼斯、都柏林、曼彻斯特以及巴塞罗那的桥梁以及里昂、里斯本、苏黎世的火车站。2001年，卡拉特拉瓦在美国的第一个作品是威斯康星州密尔沃基的美术博物馆扩建工程。从20世纪80年代以来，无论是后现代主义还是解构主义，都以丑、以怪、以非理性掀起了建筑审美价值观上的革命。而卡拉特拉瓦的建筑，使得清新的自然美得到回归。卡拉特拉瓦的主要建筑作品有雅典奥运主场馆、里昂国际机场、里斯本车站、巴塞罗那聚光塔、巴伦西亚科学城。

里昂国际机场